高等职业教育"十三五"规划教材
高等职业教育公共基础课规划教材

高等数学

主　编　胡　煜
副主编　吴立炎　李惠珠　傅秀莲　刘芳

电子工业出版社
Publishing House of Electronics Industry
北京·BEIJING

内 容 简 介

本书共 6 章，内容包括函数、极限与连续，导数与微分，导数的应用，积分及其应用、矩阵及其应用、Mathematica 入门。在每章内容之后，都精选一套综合练习题，可供学生复习、自测使用。书后附有常用公式供学生参考。

本书可作为职业院校和应用型本科院校工科类、经济管理类各专业教材，也可供成人教育使用。

未经许可，不得以任何方式复制或抄袭本书之部分或全部内容。

版权所有，侵权必究。

图书在版编目（CIP）数据

高等数学 / 胡煜主编. —北京：电子工业出版社，2018.8
ISBN 978-7-121-34320-9

Ⅰ. ①高⋯ Ⅱ. ①胡⋯ Ⅲ. ①高等数学—高等学校—教材 Ⅳ. ①O13

中国版本图书馆 CIP 数据核字（2018）第 111564 号

策划编辑：朱怀永
责任编辑：朱怀永　　文字编辑：底　波
印　　刷：北京七彩京通数码快印有限公司
装　　订：北京七彩京通数码快印有限公司
出版发行：电子工业出版社
　　　　　北京市海淀区万寿路 173 信箱　邮编 100036
开　　本：787×1 092　1/16　印张：11.5　字数：294 千字
版　　次：2018 年 8 月第 1 版
印　　次：2021 年 1 月第 6 次印刷
定　　价：31.80 元

凡所购买电子工业出版社图书有缺损问题，请向购买书店调换。若书店售缺，请与本社发行部联系，联系及邮购电话：（010）88254888。

质量投诉请发邮件至 zlts@phei.com.cn，盗版侵权举报请发邮件至 dbqq@phei.com.cn。

服务热线：（010）88258888。

前 言

本书根据高等职业院校"高等数学"课程的教学大纲编写而成。具有职业教育的特色，充分体现"以应用为目的，必需、够用"的原则。本着"联系实际、深化概念、注重应用"的教学原则，突出强调数学概念与实际问题的联系。不过多强调数学逻辑的严密性、思维的严谨性，不过分追求复杂的计算和变换，而重视数学应用意识，以培养学生灵活运用和解决问题、分析问题的能力。

《高等数学》编写内容力求简洁易懂、突出实用性，在教学中可根据不同专业和学时多少在内容上有所取舍。充分考虑高等职业院校学生的数学基础，简要介绍了使用 Mathematica 数学软件来处理复杂的高等数学计算，帮助学生更好地理解相关概念和理论。

本书共分 6 章，内容包括：函数、极限与连续，导数与微分，导数的应用，积分及其应用，矩阵及其应用，Mathematica 入门。书后附有常用公式供学生参考。本教材适合作为各类高等职业院校、成人高校及应用型本科院校各专业的教学用书。

教材标有*号的内容可依实际情况灵活掌握，另行安排学习。

本书编者来自广东工贸职业技术学院，由胡煜担任主编，吴立炎、李惠珠、傅秀莲和刘芳担任副主编，吴立炎老师对数学软件的应用部分做了大量的工作。

限于编者的水平，不妥之处在所难免，敬请广大读者批评指正。

编 者

目 录

第1章 函数、极限与连续 1
- 1.1 函数 1
- 1.2 极限 8
- 1.3 无穷小量与无穷大量 15
- 1.4 两个重要极限 19
- 1.5 函数的连续性 24
- 综合练习1 28

第2章 导数与微分 31
- 2.1 导数的概念 31
- 2.2 导数的运算 36
- 2.3 函数的微分 44
- 综合练习2 49

第3章 导数的应用 51
- 3.1 微分中值定理 51
- 3.2 洛必达法则 54
- 3.3 导数在几何上的应用 59
- 综合练习3 66

第4章 积分及其应用 67
- 4.1 定积分的概念及性质 67
- 4.2 不定积分的概念及性质 71
- 4.3 积分计算 76
- 4.4 定积分的应用 91
- 4.5 无限区间上的广义积分 98
- 4.6 常微分方程* 102
- 综合练习4 112

第5章 矩阵及其应用 ········· **116**

- 5.1 矩阵 ········· **116**
- 5.2 向量及其线性关系 ········· **127**
- 5.3 线性方程组 ········· **133**
- 综合练习 5 ········· **144**

第6章 Mathematica 入门 ········· **147**

- 6.1 引言 ········· **147**
- 6.2 Mathematica 的一般介绍 ········· **147**
- 6.3 微积分的函数命令 ········· **153**
- 6.4 线性代数的函数命令 ········· **156**

附录 A 参考答案 ········· **160**
附录 B 常用公式 ········· **172**

第1章 函数、极限与连续

学习目标

1. 理解函数的概念，了解分段函数、基本初等函数、初等函数的概念，了解反函数、复合函数的概念，会分析复合函数的复合结构.
2. 了解极限的描述性定义，了解无穷小、无穷大的概念及其相互关系和性质.
3. 会用两个重要极限公式求极限，掌握极限的四则运算法则.
4. 理解函数在一点连续的概念，知道间断点的分类.
5. 会应用函数连续性的性质.

极限是数学中一个重要的基本概念，也是学习微积分学的理论基础.本章将在复习和加深函数有关知识的基础上，讨论函数的极限与连续等问题.

1.1 函数

一、函数概念

1. 函数的定义

【定义1】 设两个变量 x 和 y，当变量 x 在某给定的非空数集 D 中任意取一个值时，变量 y 的值由这两个变量之间的关系 f 确定，称这个关系 f 为定义在 D 上的一个函数关系，或称 y 是 x 的函数，记作 $y=f(x), x \in D$.

数集 D 叫作这个函数的**定义域**，x 叫作**自变量**，y 叫作**因变量**.

当 x 取定 $x_0 \in D$ 时，与之对应的 y 的数值称为函数 $f(x)$ 在点 $x=x_0$ 处的函数值，记作 $f(x_0)$ 或 $y|_{x=x_0}$，$f(x)$ 的全体所构成的集合称为函数的**值域**，记作 R_f 或 $f(D)$，即 $R_f = f(D) = \{y \mid y=f(x), x \in D\}$.

下面介绍邻域的概念.设 a 是一个实数，$\delta>0$，称区间 $(a-\delta, a+\delta)$ 为以 a 为中心，δ 为半径的**邻域**，简称点 a 的 δ 邻域，记作 $U(a,\delta)$，如图1.1所示.

称集合 $(a-\delta,a) \cup (a,a+\delta)$ 为以 a 为中心，δ 为半径的**去心邻域**，简称点 a 的去心 δ 邻域，记作 $\mathring{U}(a,\delta)$，即 $\mathring{U}(a,\delta)=U(a,\delta) \setminus \{a\}$.

函数的表示方法主要有三种：解析法、表格法、图像法.

【例1.1】（表格法）如假设 x 表示月份，y 表示某项金额. 表1.1给出了 x 和 y 之间的依赖关系.

表 1.1

x（月）	1	2	3	4	5	6
y（金额）	543	762	564	660	743	800

点集 $P=\{(x,y)|y=f(x),x\in D\}$ 称为函数 $y=f(x)$ 的**图形**或**图像**，如图 1.2 所示.

图 1.1　　　　　　　　　图 1.2

【例 1.2】 求下列函数的定义域.

（1） $y=\dfrac{1}{\sqrt{3-x}}$；（2） $y=\ln(x-1)+\dfrac{1}{x-2}$.

【解】 （1）二次根号下的被开方数必须非负，分母不能为零，因此有 $3-x>0$，即 $x<3$，定义域为 $(-\infty,3)$.

（2）对数的真数必须为正实数，分母不为零，因此有
$$\begin{cases} x-1>0 \\ x-2\neq 0 \end{cases}$$

解得 $x>1$ 且 $x\neq 2$，故定义域为 $(1,2)\cup(2,+\infty)$.

【例 1.3】 判断下列各对函数是否为同一函数.
（1） $f(x)=x$，$g(x)=\sqrt{x^2}$；（2） $f(x)=\cos^2 x+\sin^2 x$，$g(x)=1$；
（3） $f(x)=\sec^2 x-\tan^2 x$，$g(x)=1$.

【分析】 只有定义域和对应法则都相同的两个函数才是同一函数.

【解】 （1）不相同，因对应法则不同，$g(x)=|x|$.

（2）相同，因定义域和对应法则都相同.

（3）不相同，因定义域不同. $f(x)$ 的定义域为 $\{x|x\neq k\pi+\dfrac{\pi}{2},k\in\mathbf{Z}\}$，$g(x)$ 的定义域为全体实数.

有的函数在定义域的不同取值范围内取不一样的表达式，这样的函数称为**分段函数**. 以下举几例.

【例 1.4】（绝对值函数） $y=|x|=\begin{cases} x & x\geq 0 \\ -x & x<0 \end{cases}$，图像如图 1.3 所示.

【例 1.5】（符号函数） $y=\mathrm{sgn}\,x=\begin{cases} 1 & x>0 \\ 0 & x=0 \\ -1 & x<0 \end{cases}$，图像如图 1.4 所示.

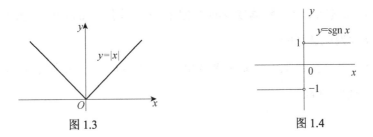

图 1.3　　　　　　　　　　　　图 1.4

对任意实数 x，有 $x = |x| \cdot \text{sgn}\, x$.

【**例 1.6**】（**取整函数**，又名 Gauss 函数）$y = [x]$. $[x]$ 表示不超过实数 x 的最大整数，简称 x 的整数部分. 例如 $[\frac{2}{3}] = 0, [\sqrt{3}] = 1, [\pi] = 3, [-1] = -1, [-2.5] = -3$. 取整函数图像如图 1.5 所示.

图 1.5

其图像形状如楼梯，因此这类函数又称为阶梯型函数.

2. 函数的几种特性

【**定义 2**】（**有界性**）设函数 $f(x)$ 的定义域为 D，如果存在正数 M，使得对每一个 $x \in D$ 有 $|f(x)| \leqslant M$，则称函数 $f(x)$ 在 D 上**有界**；否则称 $f(x)$ 在 D 上**无界**.

例如，正弦函数 $y = \sin x$，对任意实数 x，满足 $|\sin x| \leqslant 1$，故它在定义域内有界.

有界性的几何意义是：函数 $f(x)$ 的图像完全落在直线 $y = M$ 与 $y = -M$ 之间. 例如，正弦函数的图像完全落在直线 $y = 1$ 与 $y = -1$ 之间.

注　有界性是与区间有关的，例如，函数 $y = \frac{1}{x}$ 在区间 $(1,2)$ 上有界，而在区间 $(0,1)$ 上无界. 因此，不能笼统地说某函数有界或无界，而必须指明所考虑的区间.

【**定义 3**】（**单调性**）设函数 $f(x)$ 的定义域为 D，区间 $I \subset D$. 若对于 I 上任意两点 x_1 及 x_2，当 $x_1 < x_2$ 时，不等式 $f(x_1) \leqslant f(x_2)$ 恒成立，则称函数 $f(x)$ 在区间 I 上是**单调增加的**（见图 1.6）；若对于区间 I 上任意两点 x_1 及 x_2，当 $x_1 < x_2$ 时，不等式 $f(x_1) \geqslant f(x_2)$ 恒成立，那

么就称函数 $f(x)$ 在区间 I 上是**单调减少的**（见图 1.7）.单调增加和单调减少的函数统称为**单调函数**，区间 I 称为单调区间.

例如，函数 $y = x^2$ 在 $(-\infty, 0]$ 上是单调减少的，在 $[0, +\infty)$ 上是单调增加的. 函数 $y = e^x$ 在 $(-\infty, +\infty)$ 上是单调增加的.

图 1.6

图 1.7

【**定义 4**】（奇偶性）设函数 $f(x)$ 的定义域 D 关于原点对称，如果对于任意 $x \in D$，有 $f(-x) = f(x)$ 恒成立，则称 $f(x)$ 为**偶函数**；如果对于任意 $x \in D$，有 $f(-x) = -f(x)$ 恒成立，则称 $f(x)$ 为**奇函数**.

例如，函数 $f(x) = x^2$ 是偶函数，函数 $f(x) = \tan x$ 是奇函数，而 $f(x) = x^2 + \sin x$ 既非奇函数也非偶函数，函数 $f(x) = 0$ 既是奇函数也是偶函数.

思考 既是奇函数又是偶函数的函数是否只有 $f(x) = 0$？

偶函数的图形关于 y 轴对称，奇函数的图形关于原点对称，如图 1.8 所示.

图 1.8

【**定义 5**】（周期性）设函数 $f(x)$ 的定义域为 D，如果存在一个不为零的数 T，使得对任意 $x \in D$，有 $(x \pm T) \in D$，且 $f(x \pm T) = f(x)$ 恒成立，则称函数 $f(x)$ 为**周期函数**. 数 T 称为函数的**周期**，通常我们说周期函数的周期是指满足该等式的最小正数 T，称为**最小正周期**.

三角函数都是周期函数，其中 $y = \sin x, y = \cos x$ 的周期为 2π，$y = \tan x$ 的周期为 π. 电气工程中常用的函数 $y = A\sin(\omega x + \varphi), (A, \omega > 0)$，周期为 $T = \dfrac{2\pi}{\omega}$.

思考 是否所有周期函数都有最小正周期？

二、基本初等函数

【定义6】 下列函数称为基本初等函数.

（1）常函数：$y=c$.

（2）幂函数：$y=x^\mu$（其中 μ 为任意实常数）.

（3）指数函数：$y=a^x$（$a>0$ 且 $a\neq 1$）.

（4）对数函数：$y=\log_a x$（$a>0$ 且 $a\neq 1$）.

（5）三角函数：$y=\sin x$，$y=\cos x$，$y=\tan x$，$y=\cot x$，$y=\sec x$，$y=\csc x$.

（6）反三角函数：$y=\arcsin x$，$y=\arccos x$，$y=\arctan x$，$y=\text{arccot } x$.

其中，常函数、幂函数、指数函数、对数函数及三角函数，我们在高中阶段已经进行了系统且详细的学习，此处不再赘述. 下面重点介绍反三角函数.

（1）反正弦函数 $y=\arcsin x$：它是函数 $y=\sin x, x\in[-\frac{\pi}{2},\frac{\pi}{2}]$ 的反函数，定义域为 $[-1,1]$，值域 $[-\frac{\pi}{2},\frac{\pi}{2}]$，在定义域内单调增加，奇函数，有界.

（2）反余弦函数 $y=\arccos x$：它是函数 $y=\cos x, x\in[0,\pi]$ 的反函数，定义域为 $[-1,1]$，值域 $[0,\pi]$，在定义域内单调减少，非奇非偶函数，有界，其图像经过点 $(0,\frac{\pi}{2})$.

（3）反正切函数 $y=\arctan x$：它是函数 $y=\tan x, x\in(-\frac{\pi}{2},\frac{\pi}{2})$ 的反函数，定义域为 $(-\infty,+\infty)$，值域 $(-\frac{\pi}{2},\frac{\pi}{2})$，在定义域内单调增加，奇函数，有界.

（4）反正弦函数 $y=\text{arccot } x$：它是函数 $y=\cot x, x\in(0,\pi)$ 的反函数，定义域为 $(-\infty,+\infty)$，值域 $(0,\pi)$，在定义域内单调减少，非奇非偶函数，有界，其图像经过点 $(0,\frac{\pi}{2})$.

它们的图形分别如图 1.9～图 1.12 中实线所示.

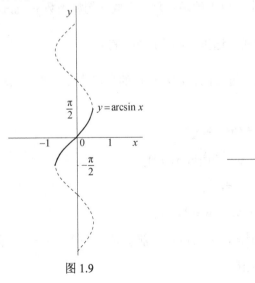

图 1.9　　　　　　图 1.10

反三角函数在各自的定义域内满足以下关系式：

$\sin(\arcsin x) = x$, $\quad \cos(\arccos x) = x$, $\quad \tan(\arctan x) = x$,

$\cot(\mathrm{arc\,cot}\, x) = x$, $\quad \arcsin x + \arccos x = \dfrac{\pi}{2}$, $\quad \arctan x + \mathrm{arc\,cot}\, x = \dfrac{\pi}{2}$.

图 1.11

图 1.12

三、复合函数、初等函数

【**定义 7**】 设函数 $y = f(u)$ 的定义域为 D_1，函数 $u = g(x)$ 在 D 上有定义，且 $g(D) \subset D_1$，则函数 $y = f[g(x)], x \in D$ 称为由函数 $u = g(x)$ 和函数 $y = f(u)$ 构成的**复合函数**，它的定义域为 D，变量 u 称为**中间变量**。

例如，$y = \ln(2x+1)$ 是由 $y = \ln u, u = 2x+1$ 构成的复合函数。

注 1 不是任何两个函数都可以复合，如 $y = \sqrt{u}, u = -1 - x^2$ 不能复合，这是因为 $y = \sqrt{u}$ 的定义域为 $[0, +\infty)$，$u = -1 - x^2$ 的值域为 $(-\infty, -1]$，两者的交集为空集。若作形式上的复合 $y = \sqrt{-1-x^2}$，则对任意实数 x，该表达式无意义！

注 2 复合函数还可以由三个或以上的函数复合而成，例如函数 $y = \sin \dfrac{1}{x-1}$ 可看作由函数 $y = \sin u, u = \dfrac{1}{v}, v = x - 1$ 复合构成，这里 u, v 都是中间变量。

正确掌握分析复合函数的复合过程的方法对以后的学习非常重要。方法如下：从外层开始，层层剥皮，逐层分解。

【**例 1.7**】 指出下列复合函数的复合过程。

（1）$y = e^{x^2}$，　　　（2）$y = \sin^2[\ln(3x+1)]$。

【**解**】（1）由 $y = e^u$，$u = x^2$ 复合构成。

（2）$y = u^2$，$u = \sin v$，$v = \ln w$，$w = 3x + 1$。

需要注意区分开函数 $y = \sin^2 x$，$y = \sin x^2$，前者是 $y = u^2$，$u = \sin x$ 的复合，后者是 $y = \sin u$，$u = x^2$ 的复合，切勿混淆。

【定义8】 由基本初等函数经过有限次的四则运算和有限次的复合运算所构成，并可用一个解析式表示出的函数称为**初等函数**.

例如，例1.6中的复合函数都是初等函数，又如 $y=\lg(x+\sqrt{x^2+1})$，$y=\sqrt[3]{\dfrac{2\ln x+\tan x+e^{3x}}{\arcsin x+3}}$ 皆为初等函数. 分段函数一般不是初等函数，如取整函数、符号函数都不是初等函数.

思考 绝对值函数是不是初等函数？

习题1.1

1. 求下列函数的定义域.
（1）$y=\arcsin\dfrac{x-1}{2}$；
（2）$y=\dfrac{1}{2}\ln\dfrac{1+x}{1-x}$；
（3）$y=\tan(3x+1)$；
（4）$y=\dfrac{1}{x-2}+\sqrt{x^2-9}$.

2. 设 $f(x)=x^2+3x+2$，求 $f(1), f(-2), f\left(\dfrac{1}{3}\right), f(a+1)$.

3. 设 $f(x)=\begin{cases}\sin x+1 & x>0\\ 0 & x=0\\ \cos x-1 & x<0\end{cases}$，求 $f\left(\dfrac{\pi}{2}\right), f(0), f\left(-\dfrac{\pi}{3}\right), f(1)$.

4. 判断下列函数的奇偶性.
（1）$y=x(x-1)(x+1)$；
（2）$y=\sin x+\cos x$；
（3）$y=\lg(x+\sqrt{x^2+1})$；
（4）$y=\dfrac{e^x+e^{-x}}{2}$.

5. 确定下列函数的单调区间.
（1）$y=2\sin(3x-1)$；
（2）$y=1+\sqrt{x-1}$；
（3）$y=\left(\dfrac{1}{\pi}\right)^x$；
（4）$y=x^2-2x-1$.

6. 指出下列复合函数是由哪些函数复合构成的.
（1）$y=\sin(\ln x)$；
（2）$y=e^{\sqrt{x}}$；
（3）$y=3\tan x^2$.

7. 用铁皮做一个体积为 V 的圆柱形无盖水桶，将所需的铁皮的面积 A 表示成底面半径 r 的函数，并指出其定义域.

8. 广州的出租车收费方案如下：起步价7元，起步里程2.3千米，之后每千米2.6元，另收燃油费2元. 假设交通顺畅（没有因堵车或等候产生的费用）.

（1）把乘坐出租车的收费 y 表示成乘坐里程 x 的函数.

（2）求里程为15千米时的车费.

（3）某人带着50元，他乘坐出租车最远可以达到多少千米？

1.2 极限

极限思想是由求某些实际问题的精确解答而产生的. 例如，古希腊数学家阿基米德利用圆内接正多边形来推算圆面积的方法——穷竭法。中国古代数学家刘徽利用类似的割圆术，就是极限思想在几何学上的应用.

本节将介绍数列与函数极限的定义及一些计算方法.

一、数列的极限

1. 数列

我们先对高中阶段学习过的数列做个简要的复习.

【定义 1】 按一定次序排列的一些数

$$x_1, x_2, \cdots, x_n, \cdots$$

称作一个**数列**，记作 $\{x_n\}$. 其中，x_1 称数列的第一项或**首项**，第 n 项 x_n 称为数列的一般项或**通项**.

数列亦可看作以正整数集为定义域的函数，$x_n = f(n), n \in \mathbf{Z}^+$.

下面举几个数列的例子.

（1）等差数列：$2, 4, 6, 8, 10, \cdots, 2n, \cdots$ 即 $\{2n\}$.

（2）等比数列：$1, \dfrac{1}{3}, \dfrac{1}{9}, \dfrac{1}{27}, \cdots, \dfrac{1}{3^{n-1}}, \cdots$ 即 $\left\{\dfrac{1}{3^{n-1}}\right\}$.

2. 数列的极限

先看一个古代数学问题——截丈问题. 2000 多年前，中国的庄子提出"一尺之棰，日取其半，万世不竭." 意为一根一尺长的竹竿，每天截取它的一半，那就永远取不完. 从第一天起，我们把该竹竿被截后所剩长度写下来，便得到如下数列：

$$\frac{1}{2}, \frac{1}{4}, \frac{1}{8}, \cdots, \frac{1}{2^n}, \cdots$$

庄子指出，无论经过多少天，竹竿总有剩的，不可能取完. 也就是说，对任意的正整数 n（无论它多大），这个数列的项永远为正数. 但这只是问题的一个方面，另外，我们不难发现，当 n 无限增大时，该数列的项就无限接近于 0. 这里隐含着数列的极限，下面给出定义.

【定义 2】 对于数列 $\{x_n\}$，若当 n 无限增大时，x_n 无限接近于一个确定的常数 a，则称数列 $\{x_n\}$ 以 a 为**极限**，记作

$$\lim_{n \to \infty} x_n = a，\text{ 或 } x_n \to a (n \to \infty)$$

也称数列 $\{x_n\}$ **收敛**于 a；如果数列 $\{x_n\}$ 没有极限，就称 $\{x_n\}$ 是发散的.

因此，对截丈问题，可以用极限表示为 $\lim\limits_{n \to \infty} \dfrac{1}{2^n} = 0$.

【例 1.8】 观察下列数列的变化趋势，写出它们的极限.

(1) $\{x_n = \dfrac{1}{n}\}$, (2) $\{x_n = 1 - \dfrac{1}{n^2}\}$, (3) $\{x_n = \dfrac{1}{3^n}\}$, (4) $\{x_n = 2\}$.

【解】(1) $x_n = \dfrac{1}{n}$, 当 n 依次取 1, 2, 3, 4, 5, … 时, x_n 的各项依次为 $1, \dfrac{1}{2}, \dfrac{1}{3}, \dfrac{1}{4}, \dfrac{1}{5}, \cdots$, 可见, 当 n 无限增大时, x_n 无限接近于 0, 因此

$$\lim_{n \to \infty} x_n = \lim_{n \to \infty} \dfrac{1}{n} = 0$$

(2) $x_n = 1 - \dfrac{1}{n^2}$, 与上类似, x_n 的各项顺次为 $0, 1-\dfrac{1}{4}, 1-\dfrac{1}{9}, 1-\dfrac{1}{16}, \cdots$, 当 n 无限增大时, x_n 无限接近于 1, 因此

$$\lim_{n \to \infty} x_n = \lim_{n \to \infty} (1 - \dfrac{1}{n^2}) = 1$$

(3) $x_n = \dfrac{1}{3^n}$, x_n 的各项顺次为 $\dfrac{1}{3}, \dfrac{1}{9}, \dfrac{1}{27}, \dfrac{1}{81}, \cdots$, 当 n 无限增大时, x_n 无限接近于 0, 因此

$$\lim_{n \to \infty} x_n = \lim_{n \to \infty} \dfrac{1}{3^n} = 0$$

(4) $x_n = 2$, 该数列每项都为 2, 即

$$\lim_{n \to \infty} x_n = \lim_{n \to \infty} 2 = 2$$

数列一般有以下性质.

【性质 1】 常数数列的极限是常数, $\lim\limits_{n \to \infty} C = C$.

【性质 2】 公比的绝对值小于 1 的等比数列, 极限为 0, 即当 $|q| < 1$ 时, $\lim\limits_{n \to \infty} q^n = 0$.

注 并非所有数列都有极限, 例如数列 $\{n^2\}$, 当 n 无限增大时, n^2 也无限增大, 并不趋近于一个确定的常数. 又如 $\{(-1)^n\}$, 它的项交替取值 -1 和 1, 当 n 无限增大时, x_n 不断在这两个数之间来回跳动, 不是无限接近于一个确定常数. 这两个数列都没有极限.

二、函数的极限

数列可看作自变量为正整数 n 的函数: $x_n = f(n)$, 数列 $\{x_n\}$ 的极限为 a, 即当自变量 n 取正整数且无限增大 ($n \to \infty$) 时, 对应的函数值 $f(n)$ 无限接近数 a.

若将数列极限概念中自变量 n 和函数值 $f(n)$ 的特殊性撇开, 可以由此引出函数极限的一般概念: 在自变量 x 的某个变化过程中, 如果对应的函数值 $f(x)$ 无限接近于某个确定的数 A, 则 A 就称为 x 在该变化过程中函数 $f(x)$ 的极限.

对数列而言, 自变量 n 的变化过程不外乎就是 $n \to \infty$. 然而, 函数的自变量 x 的变化过程就丰富得多, 可以是趋于无穷大或有限值, 还可以按这种趋势的左右方向进一步细分. 自变量的变化过程不同, 函数的极限就有不同的表现形式. 本部分分两种情况来讨论.

1. 当 $x \to \infty$ 时函数的极限

我们先考察 $x \to \infty$ 时函数 $y = \dfrac{1}{x}$ 的变化趋势. 如图 1.13 所示，当 $x \to \infty$ 时，函数趋近于确定的常数 0. 我们说，函数 $y = \dfrac{1}{x}$ 当 $x \to \infty$ 时的极限为 0.

【定义 3】 如果当 x 的绝对值无限增大时，函数 $f(x)$ 无限接近一个常数 A，则称当 $x \to \infty$ 时，函数 $f(x)$ 以 A 为**极限**，记作

$$\lim_{x \to \infty} f(x) = A \text{ 或 } f(x) \to A (x \to \infty)$$

如果从某一时刻起，x 只取正数或负数且绝对值无限增大，则有以下定义.

图 1.13

【定义 4】 如果当 $x > 0$ 且 x 无限增大时，函数 $f(x)$ 无限接近一个常数 A，则称当 $x \to +\infty$ 时，函数 $f(x)$ 以 A 为**极限**，记作

$$\lim_{x \to +\infty} f(x) = A \text{ 或 } f(x) \to A (x \to +\infty)$$

【定义 5】 如果当 $x < 0$ 且 x 的绝对值无限增大时，函数 $f(x)$ 无限接近一个常数 A，则称当 $x \to -\infty$ 时，函数 $f(x)$ 以 A 为**极限**，记作

$$\lim_{x \to -\infty} f(x) = A \text{ 或 } f(x) \to A (x \to -\infty)$$

显然有以下结果：

【定理 1】 $\lim\limits_{x \to \infty} f(x) = A$ 的充要条件是 $\lim\limits_{x \to +\infty} f(x) = A$ 且 $\lim\limits_{x \to -\infty} f(x) = A$.

【例 1.9】 求下列函数极限.

（1） $\lim\limits_{x \to \infty} \dfrac{1}{x^2}$； （2） $\lim\limits_{x \to -\infty} \mathrm{e}^x$； （3） $\lim\limits_{x \to \infty} \arctan x$.

【解】 （1）由 $\lim\limits_{x \to +\infty} \dfrac{1}{x^2} = 0$，且 $\lim\limits_{x \to -\infty} \dfrac{1}{x^2} = 0$，有 $\lim\limits_{x \to \infty} \dfrac{1}{x^2} = 0$.

（2）观察 $y = \mathrm{e}^x$ 的图像可知当 $x \to -\infty$ 时，$\mathrm{e}^x \to 0$，即 $\lim\limits_{x \to -\infty} \mathrm{e}^x = 0$.

（3）观察反正切函数的图像可得，$\lim\limits_{x \to -\infty} \arctan x = -\dfrac{\pi}{2}$，$\lim\limits_{x \to +\infty} \arctan x = \dfrac{\pi}{2}$，由定理 1 可知，$\lim\limits_{x \to \infty} \arctan x$ 不存在.

2. 当 $x \to x_0$ 时函数的极限

【例 1.10】 考察函数 $f(x) = \dfrac{x}{3} + 1$ 当 $x \to 3$ 时的变化趋势.

当 x 从左边无限接近于 3 时，对应的函数值变化情况见表 1.2.

表 1.2

x	2.9	2.99	2.999	2.9999	$x \to 3$
y	1.97	1.997	1.9997	1.99997	$y \to 2$

当 x 从右边无限接近于 3 时，对应的函数值变化情况见表 1.3.

表 1.3

x	3.1	3.01	3.001	3.0001	$x \to 3$
y	2.03	2.003	2.0003	2.00003	$y \to 2$

可见，当 $x \to 3$ 时，函数 $f(x) = \dfrac{x}{3} + 1$ 无限接近于 2. 我们说，函数 $f(x) = \dfrac{x}{3} + 1$ 当 $x \to 3$ 时的极限为 2.

【定义 6】 如果当 x 趋于 x_0（但 $x \neq x_0$）时，函数 $f(x)$ 趋于一个常数 A，则称当 $x \to x_0$ 时，函数 $f(x)$ 以 A 为**极限**，记作

$$\lim_{x \to x_0} f(x) = A \text{ 或 } f(x) \to A (x \to x_0)$$

也称当 $x \to x_0$ 时，函数 $f(x)$ 收敛到 A；否则称函数 $f(x)$ 在 $x \to x_0$ 时发散或者极限不存在.

【例 1.11】 讨论函数 $f(x) = \dfrac{x^2 - 1}{x - 1}$ 当 $x \to 1$ 时是否有极限.

【解】 在 $x = 1$ 处，$f(x)$ 无定义. 我们考察的是当 $x \to 1$ 时 $f(x)$ 的变化趋势. 当 $x \to 1$ 时，$x \neq 1$，$f(x) = \dfrac{x^2 - 1}{x - 1} = \dfrac{(x+1)(x-1)}{x-1} = x + 1 (x \neq 1)$，因此有

$$\lim_{x \to 1} f(x) = \lim_{x \to 1} \frac{x^2 - 1}{x - 1} = \lim_{x \to 1} (x + 1) = 2$$

本例说明 $f(x)$ 在点 x_0 处是否有极限与 $f(x)$ 在点 x_0 处是否有定义毫无关系.

一般地，考察函数 $f(x)$ 在 $x \to x_0$ 的极限时，常常需要考察 x 分别从左边和从右边趋于 x_0 时，函数值的变化趋势，为此，我们引入左右极限的概念.

【定义 7】 如果当 $x > x_0$ 且趋于 x_0 时，函数 $f(x)$ 趋于一个常数 A，则称当 $x \to x_0$ 时，函数 $f(x)$ 的**右极限**是 A，记作

$$\lim_{x \to x_0^+} f(x) = A \text{ 或 } f(x) \to A (x \to x_0^+) \text{ 或 } f(x_0 + 0) = A$$

【定义 8】 如果当 $x < x_0$ 且趋于 x_0 时，函数 $f(x)$ 趋于一个常数 A，则称当 $x \to x_0$ 时，函数 $f(x)$ 的**左极限**是 A，记作

$$\lim_{x \to x_0^-} f(x) = A \text{ 或 } f(x) \to A (x \to x_0^-) \text{ 或 } f(x_0 - 0) = A$$

左极限和右极限统称为**单侧极限**.

由上述定义，可得以下结论.

【定理 2】 函数 $f(x)$ 当 $x \to x_0$ 时的极限存在的充要条件是当 $x \to x_0$ 时 $f(x)$ 的左、右极

限存在并且相等.

若记上述极限值为 A，则定理 2 可简记为
$$\lim_{x \to x_0} f(x) = A \Leftrightarrow f(x_0 + 0) = f(x_0 - 0) = A$$

因此，当 $x \to x_0$ 时，只要 $f(x)$ 的两个单侧极限中有一个不存在，或者都存在却不相等，则 $f(x)$ 当 $x \to x_0$ 时无极限. 以上性质常用于判断分段函数在区间分界点处极限的存在性.

【例 1.12】 讨论函数 $f(x) = |x|$ 当 $x \to 0$ 时是否有极限.

【解】 $f(x) = |x| = \begin{cases} x & x \geq 0 \\ -x & x < 0 \end{cases}$，这是分段函数，0 是区间分界点，因此应分别讨论 x 从左边和右边趋于 0 时的极限情况.

由 $f(0-0) = \lim\limits_{x \to 0^-} |x| = \lim\limits_{x \to 0^-} (-x) = 0$，且 $f(0+0) = \lim\limits_{x \to 0^+} |x| = \lim\limits_{x \to 0^+} x = 0$，根据定理 2 得 $\lim\limits_{x \to 0} f(x) = \lim\limits_{x \to 0} |x| = 0$.

【例 1.13】 求函数 $f(x) = \begin{cases} x+1 & x > 0 \\ 0 & x = 0 \\ x-1 & x < 0 \end{cases}$，当 $x \to 0$ 时的极限 $\lim\limits_{x \to 0} f(x)$.

【解】 由
$$f(0-0) = \lim_{x \to 0^-} (x-1) = -1$$
$$f(0+0) = \lim_{x \to 0^+} (x+1) = 1$$
$$f(0-0) \neq f(0+0)$$

故 $\lim\limits_{x \to 0} f(x)$ 不存在.

三、极限的四则运算法则

在以下讨论中，记号"lim"下面没有标明自变量的变化过程，是因为以下定理对 $x \to x_0$ 及 $x \to \infty$ 都成立.

【定理 3】 如果 $\lim f(x) = a$，$\lim g(x) = b$，那么，

（1） $\lim(f(x) \pm g(x)) = \lim f(x) \pm \lim g(x) = a \pm b$.

（2） $\lim(f(x) \cdot g(x)) = \lim f(x) \cdot \lim g(x) = ab$.

特别地，$\lim(C \cdot f(x)) = C \cdot \lim f(x) = Ca$（$C$ 为常数）；

$\lim(f(x))^k = (\lim f(x))^k = a^k$（$k$ 是正整数）.

（3） 若 $b \neq 0$，则 $\lim \dfrac{f(x)}{g(x)} = \dfrac{\lim f(x)}{\lim g(x)} = \dfrac{a}{b}$.

定理 3 中的（1）和（2）都可以推广到有限个函数的情形. 由于数列可视为整变量函数，则此法则对数列极限也完全适用.

【例 1.14】 求 $\lim\limits_{x \to 3} (3x - 2)$.

【解】
$$\lim_{x \to 3}(3x-2) = \lim_{x \to 3} 3x - \lim_{x \to 3} 2$$
$$= 3\lim_{x \to 3} x - \lim_{x \to 3} 2$$
$$= 3 \times 3 - 2 = 7$$

【例 1.15】 求 $\lim\limits_{x \to 1}\dfrac{x^2+x+1}{x^3-x^2+2x+1}$.

【解】 分母的极限 $\lim\limits_{x \to 1}(x^3-x^2+2x+1)=3 \neq 0$，因此可以直接用商的极限法则，

$$\lim_{x \to 1}\frac{x^2+x+1}{x^3-x^2+2x+1} = \frac{\lim\limits_{x \to 1}(x^2+x+1)}{\lim\limits_{x \to 1}(x^3-x^2+2x+1)}$$
$$= \frac{3}{3} = 1$$

【例 1.16】 求下列各式的极限.

（1）$\lim\limits_{n \to \infty}(1+\dfrac{2}{n}+\dfrac{3}{n^2})$；（2）$\lim\limits_{n \to \infty}\dfrac{2n+1}{3n-2}$；（3）$\lim\limits_{n \to \infty}\dfrac{2^n+3^n}{3^n}$.

【解】（1）
$$\lim_{n \to \infty}(1+\frac{2}{n}+\frac{3}{n^2}) = \lim_{n \to \infty} 1 + \lim_{n \to \infty}\frac{2}{n} + \lim_{n \to \infty}\frac{3}{n^2}$$
$$= 1+0+0 = 1$$

（2）当 $n \to \infty$ 时，分子及分母的极限都不存在，不能直接用商的极限法则，但可对分式做分子分母同时除以 n 的变形，便有

$$\lim_{n \to \infty}\frac{2n+1}{3n-2} = \lim_{n \to \infty}\frac{2+\dfrac{1}{n}}{3-\dfrac{2}{n}}$$
$$= \frac{\lim\limits_{n \to \infty}(2+\dfrac{1}{n})}{\lim\limits_{n \to \infty}(3-\dfrac{2}{n})} = \frac{2}{3}$$

（3）
$$\lim_{n \to \infty}\frac{2^n+3^n}{3^n} = \lim_{n \to \infty}(\frac{2}{3})^n + \lim_{n \to \infty} 1^n$$
$$= 0+1 = 1$$

【例 1.17】 求 $\lim\limits_{x \to 2}\dfrac{x^2-4}{x-2}$.

【解】 分母的极限 $\lim\limits_{x \to 2}(x-2)=0$，不能直接用商的极限法则，应对分式化简再求极限.

$$\lim_{x \to 2}\frac{x^2-4}{x-2} = \lim_{x \to 2}\frac{(x+2)(x-2)}{x-2}$$
$$= \lim_{x \to 2}(x+2) = 4$$

【例 1.18】 求 $\lim\limits_{x \to 1}(\dfrac{3}{1-x^3}-\dfrac{1}{1-x})$.

【解】 当 $x \to 1$ 时，以上两式的极限都不存在，需先通分再计算极限.

$$\lim_{x \to 1}(\frac{3}{1-x^3} - \frac{1}{1-x}) = \lim_{x \to 1}\frac{3-(1+x+x^2)}{(1-x)(1+x+x^2)}$$
$$= \lim_{x \to 1}\frac{(2+x)(1-x)}{(1-x)(1+x+x^2)}$$
$$= \lim_{x \to 1}\frac{2+x}{1+x+x^2} = 1$$

【例1.19】 求 $\lim\limits_{x \to \infty}\frac{3x^2+2x+3}{2x^2-x+1}$.

【解】 当 $x \to \infty$ 时，分母和分子都发散到 ∞，不能直接用商的极限法则，我们对分母分子同时除以 x^2，然后取极限.

$$\lim_{x \to \infty}\frac{3x^2+2x+3}{2x^2-x+1} = \lim_{x \to \infty}\frac{3+\frac{2}{x}+\frac{3}{x^2}}{2-\frac{1}{x}+\frac{1}{x^2}}$$
$$= \frac{3+0+0}{2-0+0} = \frac{3}{2}$$

这种通过分子和分母同时除以两者的最高次，化成繁分式再取极限的方法，称为"无穷小因子分出法"，又简称"抓大头". 用此法，我们可以计算出任何一个有理分式函数当 $x \to \infty$ 时的极限. 一般有：

当 $a_0 \neq 0, b_0 \neq 0$，m, n 为非负整数时，有

$$\lim_{x \to \infty}\frac{a_0 x^m + a_1 x^{m-1} + \ldots + a_m}{b_0 x^n + b_1 x^{n-1} + \ldots + b_n} = \begin{cases} \frac{a_0}{b_0}, & \text{当 } n = m \\ 0, & \text{当 } n > m \\ \infty, & \text{当 } n < m \end{cases}$$

【例1.20】 求 $\lim\limits_{x \to 0}\frac{\sqrt{1+x}-1}{x}$.

【解】 当 $x \to 0$ 时，分子和分母的极限都是 0，可对根式做分子有理化，把根号移到分母上.

$$\lim_{x \to 0}\frac{\sqrt{1+x}-1}{x} = \lim_{x \to 0}\frac{(\sqrt{1+x}-1)(\sqrt{1+x}+1)}{x(\sqrt{1+x}+1)}$$
$$= \lim_{x \to 0}\frac{x}{x(\sqrt{1+x}+1)}$$
$$= \lim_{x \to 0}\frac{1}{\sqrt{1+x}+1} = \frac{1}{2}$$

习题 1.2

1. 求下列数列极限.

（1）$\lim\limits_{n \to \infty}(1 + \frac{2}{n} + \frac{3}{n^2} + \frac{4}{n^3})$；

（2）$\lim\limits_{n \to \infty}\frac{2n+3}{n-2}$；

(3) $\lim_{n\to\infty}\dfrac{3n^3+n^2-2n+5}{-2n^3+n-1}$; (4) $\lim_{n\to\infty}\dfrac{2^n-3^n+1}{3^n}$;

(5) $\lim_{n\to\infty}[\dfrac{1}{1\times 2}+\dfrac{1}{2\times 3}+...+\dfrac{1}{n(n+1)}]$; (6) $\lim_{n\to\infty}(\dfrac{1}{n^2}+\dfrac{2}{n^2}+...+\dfrac{n}{n^2})$.

2. 函数 $f(x)$ 在 x_0 左右极限存在是函数 $f(x)$ 在点 x_0 处有极限的（ ）条件.

　　A. 充分非必要　　　　　　　　B. 必要非充分

　　C. 充要　　　　　　　　　　　D. 前三者均不是

3. 求下列函数极限.

(1) $\lim_{x\to 2}(x+2)$; (2) $\lim_{x\to 2}\dfrac{x^2+5}{x-3}$;

(3) $\lim_{x\to 3}\dfrac{x-3}{x^2-9}$; (4) $\lim_{x\to\infty}\dfrac{3x^3+2x^2+1}{5x^3-4x+3}$;

(5) $\lim_{x\to\infty}\dfrac{x^2+2x-3}{x^3+6x^2+4}$; (6) $\lim_{x\to\infty}\dfrac{x^3+6x^2+4}{x^2+2x-3}$;

(7) $\lim_{x\to+\infty}(\sqrt{x+1}-\sqrt{x})$; (8) $\lim_{x\to 3}\dfrac{x^3+x^2+3x+27}{x-3}$;

(9) $\lim_{h\to 0}\dfrac{(x+h)^3-x^3}{h}$; (10) $\lim_{x\to\infty}\dfrac{(2x-1)^{30}(3x+2)^{20}}{(5x+1)^{50}}$;

(11) $\lim_{x\to 1}(\dfrac{2}{x^2-1}-\dfrac{1}{x-1})$; (12) $\lim_{x\to\infty}\operatorname{arccot} x$.

4. 设 $f(x)=\begin{cases}2x+1 & x\geq 1\\ -3 & x<1\end{cases}$，做出 $f(x)$ 的图像，并求 $\lim_{x\to 1}f(x)$.

5. 若 $\lim_{x\to 2}\dfrac{x^3+ax^2+b}{x-2}=8$，求 a,b 的值.

1.3 无穷小量与无穷大量

一、无穷小量与无穷大量的概念

在实际问题中，经常会遇到以零为极限的变量. 例如，单摆离开铅直位置并摆动，由于受到空气阻力和机械摩擦力作用，它的振幅随时间增加而逐渐减少并趋近于零；又如在电容器放电时，电压也是随时间的增加而逐渐减少趋近于零.

还有一些变量在变化过程中，绝对值无限增大. 下面我们给出这两种变量的定义.

【定义1】 如果 $\lim_{x\to X}f(x)=0$，则称函数 $f(x)$ 是当 $x\to X$ 时的**无穷小量**，简称无穷小.

若 $\lim_{x\to X}f(x)=\infty$，则称 $f(x)$ 为当 $x\to X$ 时的**无穷大量**，简称无穷大.

也就是说，无穷小是以 0 为极限的函数，无穷大是绝对值无限增大的函数.

例如，当 $x\to 0$ 时，$x^2,\sin x,\sqrt{x}$ 都是无穷小，当 $x\to 1$ 时，$(x-1)^2,\ln x$ 是无穷小，当 $x\to\infty$

时，$\frac{1}{x}$ 是无穷小. 当 $x \to 0$ 时，$\frac{1}{x}$ 是无穷大，当 $x \to \infty$ 时，x^2 是无穷大.

注 定义中"$x \to X$"表示自变量的某个变化过程，可以是"$x \to \infty$，$x \to -\infty$，$x \to +\infty$，$x \to x_0$，$x \to x_0^-$，$x \to x_0^+$"中的任何一种.

在自变量的同一变化过程中的无穷小具有如下性质.

【性质1】 有限个无穷小的代数和是无穷小.

【性质2】 有界函数与无穷小的乘积是无穷小.

由以上两个性质可得以下两性质.

【性质3】 常数与无穷小的乘积是无穷小.

【性质4】 有限个无穷小的乘积是无穷小.

【例1.21】 求 $\lim\limits_{x \to 0} x \sin \frac{1}{x}$.

【分析】 当 $x \to 0$ 时，$\frac{1}{x} \to \infty$，$\sin \frac{1}{x}$ 的取值在区间 $[-1,1]$ 上波动，无极限，不能用积的极限法则计算，应考虑无穷小的性质.

【解】 当 $x \to 0$ 时，x 是无穷小量，又因为 $\left|\sin \frac{1}{x}\right| \leq 1$，所以 $\sin \frac{1}{x}$ 是有界变量；根据性质2有 $\lim\limits_{x \to 0} x \sin \frac{1}{x} = 0$.

二、无穷大量与无穷小量的关系

无穷小与无穷大有如下关系.

【定理1】 在自变量的同一变化过程中，如果 $f(x)$ 为无穷大，则 $\frac{1}{f(x)}$ 为无穷小；反之，如果 $f(x)$ 为无穷小，且 $f(x) \neq 0$，则 $\frac{1}{f(x)}$ 为无穷大.

简言之，同一过程中的无穷大的倒数为无穷小，非零无穷小的倒数是无穷大.

【例1.22】 求 $\lim\limits_{x \to 1} \frac{x+1}{x-1}$.

【解】 当 $x \to 1$ 时，$x-1 \to 0$，$x+1 \to 2$，不能用商的极限法则. 考虑其倒数的极限，有 $\lim\limits_{x \to 1} \frac{x-1}{x+1} = 0$，即当 $x \to 1$ 时，$\frac{x-1}{x+1}$ 是无穷小，由定理1，$\frac{x+1}{x-1}$ 是无穷大，因此

$$\lim\limits_{x \to 1} \frac{x+1}{x-1} = \infty$$

三、无穷小量的比较

我们通常用速度来描述与比较物体运动的快慢，那么，怎样描述及比较无穷小量收敛速度的快慢呢？例如，当 $x \to 0$ 时，$3x$、$2x$、x^2 都是无穷小，而它们的比值的极限有各

种不同情况：

$$\lim_{x \to 0} \frac{3x}{2x} = \lim_{x \to 0} \frac{3}{2} = \frac{3}{2}, \lim_{x \to 0} \frac{x^2}{3x} = 0, \lim_{x \to 0} \frac{3x}{x^2} = \infty$$

这反映了在同一极限过程中，不同的无穷小趋于零的"快慢"程度不一样.从上述例子可看出，在 $x \to 0$ 的过程中，$3x \to 0$ 与 $2x \to 0$ "快慢大致相同"，$x^2 \to 0$ 比 $3x \to 0$ "快些"，而 $2x \to 0$ 比 $x^2 \to 0$ "慢些".下面我们通过无穷小之商的极限来说明两个无穷小之间的比较，给出无穷小的阶的定义.

【定义2】 设 α, β 是同一变化过程中的无穷小，且 $\alpha \neq 0$.

（1）若 $\lim \frac{\beta}{\alpha} = 0$，就说 β 是比 α 高阶的无穷小，记作 $\beta = o(\alpha)$；

（2）若 $\lim \frac{\beta}{\alpha} = \infty$，就说 β 是比 α 低阶的无穷小；

（3）若 $\lim \frac{\beta}{\alpha} = c \neq 0$，就说 β 是与 α 同阶无穷小；

特别地，若 $\lim \frac{\beta}{\alpha} = 1$，就说 β 与 α 是等价无穷小，记作 $\alpha \sim \beta$.

显然，如果 β 是比 α 高阶的无穷小，则 α 是比 β 低阶的无穷小，这时 β 比 α 收敛到 0 的速度"快些"．如果 β 是与 α 同阶无穷小，那么它们收敛到 0 的"快慢大致相同".

例如，当 $x \to 0$ 时，x^2 是比 $3x$ 高阶的无穷小，因为 $\lim_{x \to 0} \frac{x^2}{3x} = 0$，即 $x^2 = o(3x)$ $(x \to 0)$；

此时 $\lim_{x \to 0} \frac{3x}{x^2} = \infty$，因此 $3x$ 是比 x^2 低阶的无穷小；

当 $x \to 0$ 时，$2x$ 与 $3x$ 是同阶无穷小，因为 $\lim_{x \to 0} \frac{2x}{3x} = \frac{2}{3}$；

当 $x \to 0$ 时，$\sin x$ 与 x 是等价无穷小，即 $\sin x \sim x (x \to 0)$，因为 $\lim_{x \to 0} \frac{\sin x}{x} = 1$，这是第一重要极限，我们将在下一节加以介绍.

【例1.23】 当 $x \to 0$ 时，试比较下列无穷小的阶.

（1）$\alpha = x^2 + 2x, \beta = x$； （2）$\alpha = x \cos x, \beta = x$.

【解】（1）因为 $\lim_{x \to 0} \frac{\alpha}{\beta} = \lim_{x \to 0} \frac{x^2 + 2x}{x} = 2$，所以当 $x \to 0$ 时，$x^2 + 2x$ 与 x 是同阶无穷小.

（2）因为 $\lim_{x \to 0} \frac{\alpha}{\beta} = \lim_{x \to 0} \frac{x \cos x}{x} = 1$，所以当 $x \to 0$ 时，$x \cos x$ 与 x 是等价无穷小.

四、具有极限的函数与无穷小量的关系

关于等价无穷小，有下面的重要定理.

【定理2】（无穷小与极限的关系）β 与 α 是等价无穷小当且仅当 $\beta = \alpha + o(\alpha)$.

这个定理是说，两个无穷小等价，当且仅当它们的差是比其中一个更高阶的无穷小．例如，$x^2 + 2x \sim 2x (x \to 0)$，因为它们的差 x^2 是比 $2x$ 高阶的无穷小，即
$$x^2 = o(2x)(x \to 0)$$

【定理3】（等价无穷小代换原理）设 $\alpha \sim \alpha'$，$\beta \sim \beta'$，且 $\lim \dfrac{\beta'}{\alpha'}$ 存在，则
$$\lim \frac{\beta}{\alpha} = \lim \frac{\beta'}{\alpha'}$$

这个定理告诉我们一种求极限的方法——等价无穷小代换法．求两个无穷小的商的极限时，分子和分母都可以用等价的无穷小来代替．通常，我们用形式较简单的无穷小代替较复杂的无穷小，以达到简化计算的目的．进一步，分子和分母中的无穷小乘积因子也可以用等价无穷小代替．

下面先给出一些常用的等价无穷小：

当 $x \to 0$ 时，有 $\sin x \sim x$，$\tan x \sim x$，$1 - \cos x \sim \dfrac{1}{2}x^2$，$\arcsin x \sim x$，

$\arctan x \sim x$，$(1+x)^\alpha - 1 \sim \alpha x\ (\alpha \in R)$，$e^x - 1 \sim x$，$\ln(1+x) \sim x$．

【例1.24】 求下列极限．

（1）$\lim\limits_{x \to 0} \dfrac{\tan 2x}{\sin 5x}$；（2）$\lim\limits_{x \to 0} \dfrac{\sin^2 3x}{x \sin 2x}$；（3）$\lim\limits_{x \to 0} \dfrac{\tan x - \sin x}{\sin^3 x}$．

【解】（1）当 $x \to 0$ 时，$\tan 2x \sim 2x$，$\sin 5x \sim 5x$，所以
$$\lim_{x \to 0} \frac{\tan 2x}{\sin 5x} = \lim_{x \to 0} \frac{2x}{5x} = \frac{2}{5}$$

（2）当 $x \to 0$ 时，$\sin 3x \sim 3x$，$\sin 2x \sim 2x$，所以
$$\lim_{x \to 0} \frac{\sin^2 3x}{x \sin 2x} = \lim_{x \to 0} \frac{(3x)^2}{x \cdot 2x} = \frac{9}{2}$$

（3）当 $x \to 0$ 时，$\tan x \sim x$，$\sin x \sim x$，但
$$\lim_{x \to 0} \frac{\tan x - \sin x}{\sin^3 x} \neq \lim_{x \to 0} \frac{x - x}{x^3} = 0$$

为什么？因为只有当分子或分母是函数的乘积时，对于乘积因子才可以用等价无穷小代换．对于和或差中的函数，一般不能用等价无穷小代换．这是用等价无穷小代换法求极限的易错点，需要特别注意！

正确解法为
$$\lim_{x \to 0} \frac{\tan x - \sin x}{\sin^3 x} = \lim_{x \to 0} \frac{\tan x (1 - \cos x)}{\sin^3 x}$$

当 $x \to 0$ 时，$\tan x \sim x$，$\sin x \sim x$，$1 - \cos x \sim \dfrac{1}{2}x^2$，因此
$$\lim_{x \to 0} \frac{\tan x - \sin x}{\sin^3 x} = \lim_{x \to 0} \frac{x \cdot (\frac{1}{2}x^2)}{x^3} = \frac{1}{2}$$

结合定理 2，我们介绍等价无穷小代换法中的一种特殊的技巧——舍去高阶无穷小．根

据定理 2，对于能用等价无穷小代换的分母或分子（或乘积因子），若是两个不同阶的无穷小的和，则可以把其中较高阶的无穷小舍去，即以其中较低阶的无穷小作代换．以下举例说明．

*【例 1.25】 求下列极限．

（1）$\lim\limits_{x\to 0}\dfrac{\sin x}{x^3+x}$；　　　　（2）$\lim\limits_{x\to 0}\dfrac{3x+\sin^2 x}{\tan 2x-x^3}$．

【解】（1）当 $x\to 0$ 时，$\sin x\sim x$，又 $x^3=o(x)$，故 $x^3+x\sim x$，所以

$$\lim_{x\to 0}\frac{\sin x}{x^3+x}=\lim_{x\to 0}\frac{x}{x}=1$$

（2）当 $x\to 0$ 时，$\sin^2 x\sim x^2$，而 $x^2=o(3x)$，故 $\sin^2 x=o(3x)$，由定理 2 得 $3x+\sin^2 x\sim 3x$，类似有 $\tan 2x-x^3\sim 2x$，所以

$$\lim_{x\to 0}\frac{3x+\sin^2 x}{\tan 2x-x^3}=\lim_{x\to 0}\frac{3x}{2x}=\frac{3}{2}$$

习题 1.3

1．下列函数中，哪些是无穷小，哪些是无穷大？

（1）$y=3x+x^2(x\to 0)$；　　　　（2）$y=\dfrac{1}{x-2}(x\to\infty)$；

（3）$y=\dfrac{1}{x-2}(x\to 2)$；　　　　（4）$y=\log_2 x(x\to 0^+)$．

2．函数 $y=\dfrac{x}{x+1}$ 在什么条件下是无穷小，什么条件下是无穷大？

3．当 $x\to 0$ 时，x^2+2x 与 x^3+3x^2 相比较，哪个是较高阶的无穷小？

4．当 $x\to 0$ 时，有 $\lim\limits_{x\to 0}\dfrac{e^x}{1+x}=1$，能否说函数 e^x 与 $1+x$ 是 $x\to 0$ 时的等价无穷小？

5．求下列极限．

（1）$\lim\limits_{x\to\infty}\dfrac{\sin x}{x}$；　　　　（2）$\lim\limits_{x\to 1}(x^2-1)\sin\dfrac{1}{x-1}$；

（3）$\lim\limits_{x\to 0}\dfrac{2\arcsin x}{3x}$；　　　　（4）$\lim\limits_{x\to 0}\dfrac{\sqrt{1+x}-1}{2x}$；

（5）$\lim\limits_{x\to 0}\dfrac{\ln(1+2x-3x^2)}{4x}$；　　　　（6）$\lim\limits_{x\to 0}\dfrac{x+\sin^2 x+\tan^3 x}{\sin 5x+2x^2}$．

1.4　两个重要极限

本节介绍两个重要极限：

$$\lim_{x\to 0}\frac{\sin x}{x}=1 \text{ 及 } \lim_{x\to\infty}\left(1+\frac{1}{x}\right)^x=e$$

一、$\lim\limits_{x\to 0}\dfrac{\sin x}{x}=1$

在物理学中,我们有一个近似计算的公式:当 x 的绝对值 $|x|$ 很小时,$\sin x \approx x$. 从无穷小收敛到 0 快慢的角度看,这个近似式就是说当 $x \to 0$ 时,$\sin x$ 和 x 收敛到 0 的"速度相同". 换句话说,$\sin x$ 与 x 是等价无穷小,即 $\lim\limits_{x\to 0}\dfrac{\sin x}{x}=1$,或记为 $\sin x \sim x (x \to 0)$.

对这个结果,我们列出当 $x \to 0$ 时,函数 $\dfrac{\sin x}{x}$ 的数值表(见表 1.4)加以说明.

表 1.4

x(弧度)	± 1.000	± 0.100	± 0.010	± 0.001	$x \to 0$
$\dfrac{\sin x}{x}$	0.8417098	0.99833417	0.99998334	0.9999984	$\dfrac{\sin x}{x} \to 1$

由表 1.4 可知,当 $x \to 0$ 时,$\dfrac{\sin x}{x} \to 1$,即 $\lim\limits_{x\to 0}\dfrac{\sin x}{x}=1$.

【例 1.26】 证明当 $x \to 0$ 时,下列各对无穷小等价.
(1) $\tan x, x$; (2) $1-\cos x, \dfrac{1}{2}x^2$; (3) $\arcsin x, x$.

【证】 (1) 因为

$$\lim_{x\to 0}\frac{\tan x}{x} = \lim_{x\to 0}\frac{\sin x}{\cos x}\cdot\frac{1}{x}$$
$$= \lim_{x\to 0}\frac{1}{\cos x}\lim_{x\to 0}\frac{\sin x}{\cos x}$$
$$= 1 \times 1 = 1$$

所以 $\tan x \sim x (x \to 0)$.

(2) 因为

$$\lim_{x\to 0}\frac{1-\cos x}{\dfrac{1}{2}x^2} = \lim_{x\to 0}\frac{2\sin^2\dfrac{x}{2}}{\dfrac{1}{2}x^2}$$
$$= \lim_{x\to 0}\frac{\sin^2\dfrac{x}{2}}{\left(\dfrac{x}{2}\right)^2}$$
$$= \left(\lim_{x\to 0}\frac{\sin\dfrac{x}{2}}{\dfrac{x}{2}}\right)^2$$
$$= 1^2 = 1$$

所以 $1-\cos x \sim \dfrac{1}{2}x^2 (x \to 0)$.

(3) 令 $\arcsin x = t$，则 $x = \sin t$，当 $x \to 0$ 时，$t \to 0$，我们有

$$\lim_{x \to 0} \frac{\arcsin x}{x} = \lim_{t \to 0} \frac{t}{\sin t}$$

$$= \frac{1}{\lim\limits_{t \to 0} \dfrac{\sin t}{t}}$$

$$= \frac{1}{1} = 1$$

所以 $\arcsin x \sim x (x \to 0)$.

【例1.27】 求下列极限.

(1) $\lim\limits_{x \to 0} \dfrac{\sin kx}{x} (k \neq 0)$； (2) $\lim\limits_{x \to 0} \dfrac{\sin mx}{\sin nx} (m, n \neq 0)$.

【解】 (1) $\lim\limits_{x \to 0} \dfrac{\sin kx}{x} = \lim\limits_{x \to 0} k \cdot \dfrac{\sin kx}{kx}$

$$= k \lim_{x \to 0} \frac{\sin kx}{kx} = k$$

(2) $\lim\limits_{x \to 0} \dfrac{\sin mx}{\sin nx} = \lim\limits_{x \to 0} \dfrac{\dfrac{\sin mx}{x}}{\dfrac{\sin nx}{x}} = \dfrac{m}{n}$

说明：例1.27 还可以用等价无穷小代换法，解法如下：

由 $\sin kx \sim kx (x \to 0)$，有 $\lim\limits_{x \to 0} \dfrac{\sin kx}{x} = \lim\limits_{x \to 0} \dfrac{kx}{x} = k$，类似有

$$\lim_{x \to 0} \frac{\sin mx}{\sin nx} = \lim_{x \to 0} \frac{mx}{nx} = \frac{m}{n}$$

显然，用等价无穷小代换法更加简洁，读者可见这种方法的巧妙之处.

二、$\lim\limits_{x \to \infty} \left(1 + \dfrac{1}{x}\right)^x = e$

首先讨论数列极限 $\lim\limits_{n \to \infty} \left(1 + \dfrac{1}{n}\right)^n$.

考察数列 $\{x_n = \left(1 + \dfrac{1}{n}\right)^n\}$ 当 n 无限增大时的变化趋势，见表1.5.

表1.5

n	2	5	10	100	1000	10000	1000000	$n \to \infty$
$\left(1+\dfrac{1}{n}\right)^n$	2.25	2.49	2.594	2.705	2.717	2.718	2.71827	…

由表1.5可见，当 $n \to \infty$ 时，数列 $\left(1 + \dfrac{1}{n}\right)^n$ 的值大约为2.718，极限 $\lim\limits_{n \to \infty} \left(1 + \dfrac{1}{n}\right)^n$ 存在. 可

以证明当 $x \to \infty$ 时（包括 $+\infty, -\infty$），函数 $f(x) = (1+\frac{1}{x})^x$ 也和上述数列收敛到同一个极限. 我们把这个极限值用 e 表示，即

$$\lim_{x \to \infty}(1+\frac{1}{x})^x = e$$

这就是我们高中阶段学习过的自然对数的底 e，它是个无理数，其值 e = 2.718281828459…
若令 $\frac{1}{x} = u$，则当 $x \to \infty$ 时，$u \to 0$，这样便得到该极限的另一种形式：

$$\lim_{u \to 0}(1+u)^{\frac{1}{u}} = e$$

【例 1.28】 求下列极限.

（1）$\lim\limits_{x \to \infty}(1+\frac{2}{x})^x$； （2）$\lim\limits_{x \to \infty}(1-\frac{1}{x})^x$； （3）$\lim\limits_{x \to \infty}(1+\frac{1}{2x})^{4x+3}$.

【解】（1）$\lim\limits_{x \to \infty}(1+\frac{2}{x})^x = \lim\limits_{x \to \infty}[(1+\frac{2}{x})^{\frac{x}{2}}]^2$

$$= [\lim_{x \to \infty}(1+\frac{2}{x})^{\frac{x}{2}}]^2 = e^2.$$

（2）$\lim\limits_{x \to \infty}(1-\frac{1}{x})^x = \lim\limits_{x \to \infty}[(1-\frac{1}{x})^{-x}]^{-1}$

$$= [\lim_{x \to \infty}(1-\frac{1}{x})^{-x}]^{-1} = e^{-1}.$$

（3）$\lim\limits_{x \to \infty}(1+\frac{1}{2x})^{4x+3} = \lim\limits_{x \to \infty}(1+\frac{1}{2x})^{2 \cdot 2x+3}$

$$= \lim_{x \to \infty}[(1+\frac{1}{2x})^{2x}]^2 (1+\frac{1}{2x})^3$$

$$= \lim_{x \to \infty}[(1+\frac{1}{2x})^{2x}]^2 \lim_{x \to \infty}(1+\frac{1}{2x})^3$$

$$= e^2 \cdot 1 = e^2.$$

一般地，有

$$\lim_{x \to \infty}(1+\frac{a}{x})^{bx+c} = e^{ab}$$

【例 1.29】 求 $\lim\limits_{x \to \infty}\left(\dfrac{x+1}{x-1}\right)^x$.

【解】 法一：$\lim\limits_{x \to \infty}\left(\dfrac{x+1}{x-1}\right)^x = \lim\limits_{x \to \infty}\left(\dfrac{\frac{x+1}{x}}{\frac{x-1}{x}}\right)^x$

$$= \frac{\lim\limits_{x \to \infty}(1+\frac{1}{x})^x}{\lim\limits_{x \to \infty}(1-\frac{1}{x})^x} = \frac{e}{e^{-1}} = e^2$$

法二：$\lim\limits_{x\to\infty}\left(\dfrac{x+1}{x-1}\right)^x = \lim\limits_{x\to\infty}\left(1+\dfrac{2}{x-1}\right)^x$

$\qquad\qquad\qquad\quad = \lim\limits_{x\to\infty}\left(1+\dfrac{2}{x-1}\right)^{\frac{x-1}{2}\cdot 2+1}$

$\qquad\qquad\qquad\quad = e^2 \cdot 1 = e^2$

作为第二重要极限的应用，我们介绍连续复利模型. 所谓复利计息，就是把第一期的本金与利息之和作为第二期的本金，反复计算利息，俗称"利滚利". 设本金为 A_0，年利率为 r，一年后的本利和为

$$A_1 = A_0 + A_0 r = A_0(1+r)$$

把 A_1 作为新的本金存入，第二年末的本利和为

$$A_2 = A_1 + A_1 r = A_1(1+r) = A_0(1+r)^2$$

以此类推，得到 t 年后的本利和为

$$A_t = A_0(1+r)^t$$

若把一年均分为 n 期结算，则每期利率为 $\dfrac{r}{n}$，例如取 $n=12$，则得月利率 $\dfrac{r}{12}$. 这样，一年后的本利和为 $A_1 = A_0(1+\dfrac{r}{n})^n$，$t$ 年后的本利和为 $A_t = A_0(1+\dfrac{r}{n})^{nt}$.

不难证明，上述 A_t 作为以 n 为自变量的数列单调上升，即随着 n 的增加而增大. 这也就能解释，为什么在同样的年利率与存（贷）款年限下，利滚利的频度越大，本利和越大. 这是就高利贷牟取暴利的主要手段.

若采取瞬时结算法，即随时生息随时结算，也就是当 $n\to\infty$ 时，得 t 年后的本利和为

$$A_t = \lim\limits_{n\to\infty} A_0\left(1+\dfrac{r}{n}\right)^{nt} = A_0 \lim\limits_{n\to\infty}\left[\left(1+\dfrac{r}{n}\right)^{\frac{n}{r}}\right]^{rt} = A_0 e^{rt}$$

这就是我们的连续复利模型. 可能有读者会质疑：再贪婪的高利贷也不可能每时每刻都在利滚利，这样的模型有什么实际用途？ 我们指出，在自然界里有许多客观现象都符合上述变化规律，例如树木高度的增长，在开始阶段的速度正比于当前的高度，相当于高度时时刻刻都在"利滚利"，即每时每刻增长的高度都会加到原来的高度上作为"本利和"来计算高度的"利息"，其中 A_0 为树木的初始高度，r 为增长率. 细菌的繁殖、人口的指数增长、放射性元素的衰变等，都符合类似的规律.

习题 1.4

1. 求下列极限.

（1）$\lim\limits_{x\to 0}\dfrac{\sin\frac{2}{3}x}{x}$；

（2）$\lim\limits_{x\to\infty} x\sin\dfrac{1}{x}$；

（3）$\lim\limits_{x\to a}\dfrac{\sin x - \sin a}{x-a}$；

（4）$\lim\limits_{x\to 0}\dfrac{x-\sin x}{x+\sin x}$；

(5) $\lim\limits_{x\to 0}\dfrac{1-\cos 5x}{x^2}$; (6) $\lim\limits_{x\to 0}\dfrac{e^x-1}{\sin x}$.

2. 求下列极限.

(1) $\lim\limits_{x\to\infty}(1+\dfrac{3}{x})^x$; (2) $\lim\limits_{x\to\infty}(1-\dfrac{1}{x})^{2x+5}$;

(3) $\lim\limits_{x\to\infty}(\dfrac{x+3}{x-5})^x$; (4) $\lim\limits_{x\to\infty}(\dfrac{2x+3}{2x+1})^{x+1}$;

(5) $\lim\limits_{x\to 0}(1+\dfrac{x}{2})^{1-\frac{1}{x}}$; (6) $\lim\limits_{x\to 1}x^{\frac{1}{1-x}}$.

3. 已知 $\lim\limits_{x\to\infty}\left(\dfrac{x+2a}{x-a}\right)^x=8$，求 a 的值.

1.5 函数的连续性

客观世界的许多现象和事物不仅是运动变化的，而且其运动变化的过程往往是连绵不断的，比如日月行空、岁月流逝、植物生长、物种变化等，这些连绵不断发展变化的事物在量的方面的反映就是函数的连续性.

本节将以极限为基础，介绍函数连续性的概念、连续函数的运算及一些性质.

一、函数连续性的概念

设变量 x 从初值 x_1 变到终值 x_2，终值与初值的差 x_2-x_1 叫作变量 x 的增量（或改变量），记作 Δx，即

$$\Delta x = x_2 - x_1$$

增量 Δx 可以是正的，也可以是负的.

一般地，设函数 $y=f(x)$ 在点 x_0 的某一个邻域内是有定义的. 当自变量 x 在这邻域内从 x_0 变到 $x_0+\Delta x$ 时，函数值 y 相应地从 $f(x_0)$ 变到 $f(x_0+\Delta x)$，因此，函数 y 的对应增量为

$$\Delta y = f(x_0+\Delta x) - f(x_0)$$

图 1.14

上述变化过程可描述为如图 1.14 所示.

在图 1.14 所表示的函数中，当自变量 x 在点 x_0 处的改变量 $\Delta x\to 0$ 时，函数值的相应改变量 Δy 的绝对值无限变小，也就是说，

$$\Delta y \to 0 (\Delta x \to 0)$$

我们说，这个函数在点 x_0 处是连续的. 一般有以下定义.

【定义1】设函数 $y=f(x)$ 在点 x_0 的某邻域内有定义，如果自变量 x 在 x_0 处的增量 Δx 趋

向于零时，对应的函数值的增量 $\Delta y = f(x_0 + \Delta x) - f(x_0)$ 也趋向于零，即 $\lim\limits_{\Delta x \to 0} \Delta y = 0$，则称函数 $y = f(x)$ 在点 x_0 处**连续**.

令 $x = x_0 + \Delta x$，则当 $\Delta x \to 0$ 时，$x \to x_0$，而当 $\Delta y = f(x_0 + \Delta x) - f(x_0) \to 0$ 时，有 $f(x) \to f(x_0)$，因此 $\lim\limits_{\Delta x \to 0} \Delta y = 0$ 当且仅当 $\lim\limits_{x \to x_0} f(x) = f(x_0)$. 故有如下等价定义.

【定义 2】 设函数 $y = f(x)$ 在点 x_0 的某一邻域内有定义，如果函数 $f(x)$ 当 $x \to x_0$ 时的极限存在，且 $\lim\limits_{x \to x_0} f(x) = f(x_0)$，则称函数 $y = f(x)$ 在点 x_0 处**连续**.

若函数 $y = f(x)$ 在开区间 (a,b) 内的每一点处都连续，则称它在开区间 (a,b) 内连续.

若函数 $y = f(x)$ 在 x_0 处有 $f(x_0 + 0) = f(x_0)$，则称它在 x_0 处**右连续**. 相应地，若有 $f(x_0 - 0) = f(x_0)$，则称函数在 x_0 处**左连续**.

若函数 $y = f(x)$ 在闭区间 $[a,b]$ 内的每一点处都连续，在左端点 a 处右连续，在右端点 b 处左连续，则称函数 $y = f(x)$ 在闭区间 $[a,b]$ 内连续.

【例 1.30】 证明函数 $y = \sin x$ 在 $(-\infty, +\infty)$ 内是连续的.

【证】 设 x 是区间 $(-\infty, +\infty)$ 内任意一点，其增量为 Δx，则对应的函数增量为
$$\Delta y = \sin(x + \Delta x) - \sin x$$
$$= 2\sin\frac{\Delta x}{2}\cos(x + \frac{\Delta x}{2})$$

因为 $|\cos(x + \frac{\Delta x}{2})| \leq 1$，而 $2\sin\frac{\Delta x}{2}$ 是 $\Delta x \to 0$ 时的无穷小，由无穷小的性质，$2\sin\frac{\Delta x}{2}\cos(x + \frac{\Delta x}{2})$ 是 $\Delta x \to 0$ 时的无穷小，即 $\Delta y \to 0 (\Delta x \to 0)$. 故函数在点 x 处连续，由 x 的任意性，函数 $y = \sin x$ 在 $(-\infty, +\infty)$ 内连续.

同理可证函数 $y = \cos x$ 在 $(-\infty, +\infty)$ 内是连续的（读者自行证明）.

二、函数的间断点

由函数连续的定义可知，函数 $f(x)$ 在点 x_0 处连续，必须同时满足以下三个条件：

（1）函数 $f(x)$ 在点 x_0 的某个邻域内有定义；

（2）$\lim\limits_{x \to x_0} f(x)$ 存在；

（3）$\lim\limits_{x \to x_0} f(x) = f(x_0)$.

如果上述三个条件有一个不满足，那么函数 $f(x)$ 就在点 x_0 处不连续，也称函数 $f(x)$ 就在点 x_0 处间断. 我们可以得到函数间断点的定义.

【定义 3】 设函数 $f(x)$ 在点 x_0 的某去心邻域内有定义（在点 x_0 处可以无定义），如果函数 $f(x)$ 有下列三种情形之一：

（1）在点 x_0 无定义；

（2）在 x_0 处有定义，但 $\lim\limits_{x \to x_0} f(x)$ 不存在；

（3）在 x_0 处有定义且 $\lim\limits_{x \to x_0} f(x)$ 存在，但 $\lim\limits_{x \to x_0} f(x) \neq f(x_0)$.

则函数 $f(x)$ 在点 x_0 处不连续，点 x_0 称为函数 $f(x)$ 的一个**间断点（或不连续点）**.

设 x_0 为函数 $f(x)$ 的一个间断点，若左极限 $f(x_0^-)$ 和右极限 $f(x_0^+)$ 都存在，则称 x_0 为 $f(x)$ 的**第一类间断点**. 其余的间断点称为**第二类间断点**.

在第一类间断点中，若 $f(x_0^-) = f(x_0^+)$，即 $\lim\limits_{x \to x_0} f(x)$ 存在，但函数 $f(x)$ 在点 x_0 处无定义，或虽然在 x_0 有定义但 $\lim\limits_{x \to x_0} f(x) \neq f(x_0)$，则称点 x_0 为可去间断点；若 $f(x_0^-) \neq f(x_0^+)$，即 $\lim\limits_{x \to x_0} f(x)$ 不存在，则称点 x_0 为跳跃间断点.

【例1.31】 函数 $f(x) = \dfrac{x^2-1}{x-1}$ 在点 $x=1$ 处无定义，故不连续，但有

$$\lim_{x \to 1} \frac{x^2-1}{x-1} = \lim_{x \to 1}(x+1) = 2$$

故函数在点 $x=1$ 处的左、右极限都存在，因此 $x=1$ 是函数 $f(x) = \dfrac{x^2-1}{x-1}$ 的可去间断点. 如图1.15 所示.

图 1.15

【例1.32】 符号函数 $y = \operatorname{sgn} x$，由于在 $x=0$ 点左、右极限虽然存在但不相等，所以 $x=0$ 为其跳跃间断点.

【例1.33】 函数 $y = \dfrac{1}{x}$，由于 $x=0$ 不在其定义域内，故为间断点. 又因为当 $x \to 0$ 时，$\dfrac{1}{x} \to \infty$，故 $x=0$ 是它的第二类间断点.

三、初等函数的连续性

由函数连续性的定义及极限的运算法则，可得以下性质.

【**性质1**】（连续函数的四则运算法则）如果函数 $f(x)$、$g(x)$ 均在点 x_0 连续，则 $f(x) \pm g(x)$，$f(x) \cdot g(x)$，$\dfrac{f(x)}{g(x)} (g(x_0) \neq 0)$ 都在点 x_0 处连续.

【**性质2**】（连续函数的复合运算法则）设函数 $u = \varphi(x)$ 在点 $x = x_0$ 连续，且 $\varphi(x_0) = u_0$，而函数 $y = f(u)$ 在点 $u = u_0$ 连续，那么复合函数 $y = f[\varphi(x)]$ 在点 $x = x_0$ 也是连续的.

以上性质证明留给读者.

【**定理1**】 基本初等函数在它们的定义域内都是连续的.

由上述性质1和性质2及定理1，可得如下定理2.

【**定理2**】 一切初等函数在其定义区间内都是连续的.

这里的定义区间是指包含在定义域内的区间. 因此，初等函数的连续区间就是定义区间. 定理2给我们提供了求函数极限的一种方法——代入法：如果 $f(x)$ 是初等函数，x_0 是其定义区间内的一个点，则函数 $f(x)$ 在 x_0 处连续，因此

$$\lim_{x \to x_0} f(x) = f(x_0)$$

【例 1.34】 求下列极限.

（1）$\lim_{x \to 0} \sqrt{1-x^2}$； （2）$\lim_{x \to \frac{\pi}{2}} \ln(\sin x)$.

【解】（1）函数 $y = \sqrt{1-x^2}$ 的定义区间为 $[-1,1]$，$x = 0$ 是定义区间内的点，因此

$$\lim_{x \to 0} \sqrt{1-x^2} = \sqrt{1-x^2}\big|_{x=0} = 1$$

（2）考虑函数 $y = \ln(\sin x)$ 及区间 $(0, \pi)$，由于在该区间内有 $\sin x > 0$，故函数在此区间上有定义，$x = \frac{\pi}{2}$ 是该区间内的点，所以

$$\lim_{x \to \frac{\pi}{2}} \ln(\sin x) = \ln(\sin x)\big|_{x = \frac{\pi}{2}} = 0$$

四、闭区间上连续函数的性质

闭区间上的连续函数有一些很重要的性质，它们的几何意义都很明显，但证明比较困难，下面我们不加证明地以定理的形式给出这些性质.

【定理 3】（有界性与最值定理）若函数 $f(x)$ 在闭区间 $[a,b]$ 上连续，则 $f(x)$ 在 $[a,b]$ 上有界且一定能取得它的最大值和最小值.

例如，函数 $y = \frac{1}{x}$ 在区间 $[1,2]$ 上满足 $\left|\frac{1}{x}\right| \leqslant 1$，故它在该区间上有界，且能取到最大值 1，最小值 $\frac{1}{2}$.

注 1 开区间上的连续函数未必有界或能取到最值，如函数 $y = \frac{1}{x}$ 在区间 $(0,1)$ 上无界，无最大值.

注 2 闭区间上有间断点的函数未必有界或能取到最值，如函数 $y = \frac{1}{x}$ 在区间 $[-1,1]$ 上无界，且不能取到最值.

2010 年广州亚运会期间，一位游客在位于天河区的天河体育中心观看完比赛之后，前往位于海珠区的广州塔观光. 他可以选择乘坐地铁、自驾车、坐船渡过珠江等方式到达广州塔，但无论他选择哪种路线及方式，都有一个共同点——他必须穿过珠江（除非绕道离开广州）. 这是因为，他的出发点和目的地位于珠江的两岸. 我们把这个简单的生活常识抽象开来，便得到如下的零点定理.

【定理 4】（零点定理）设函数 $f(x)$ 在闭区间 $[a,b]$ 上连续，且 $f(a)$ 与 $f(b)$ 异号（即 $f(a) \cdot f(b) < 0$），那么在开区间 (a,b) 内至少存在一点 ξ，使得 $f(\xi) = 0$.

定理 4 的几何意义如图 1.16 所示.

零点定理的用途很多，下面举例介绍它在证明方程根的存在性方面的应用.

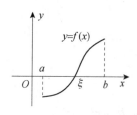

图 1.16

【例 1.35】 证明方程 $x^3 - 4x^2 + 1 = 0$ 在区间 $(0,1)$ 内至少有一个实根.

【证】 设 $f(x) = x^3 - 4x^2 + 1$，则 $f(x)$ 为初等函数，故在 $[0,1]$ 上连续. 且
$$f(0) = 1 > 0, f(1) = -2 < 0$$
由零点定理，$f(x)$ 在区间 $(0,1)$ 上至少有一个零点，即方程 $f(x) = 0$ 在区间 $(0,1)$ 内至少有一个实根，亦即方程 $x^3 - 4x^2 + 1 = 0$ 在区间 $(0,1)$ 内至少有一个实根.

由零点定理可得如下更一般的介值定理.

【定理 5】（介值定理）设函数 $f(x)$ 在闭区间 $[a,b]$ 上连续，且在这区间的端点取不同的函数值
$$f(a) = A \text{ 及 } f(b) = B \ （A \neq B）$$
那么，对于 A 与 B 之间的任意一个数 C，在开区间 (a,b) 内至少存在一点 ξ，使得
$$f(\xi) = C (a < \xi < b)$$

习题 1.5

1. 求函数 $y = \dfrac{2x^3 + x^2 + 4x - 1}{x^2 - 2x - 3}$ 的连续区间.

2. 求下列极限.

(1) $\lim\limits_{x \to 2} \dfrac{e^x + 1}{x}$；

(2) $\lim\limits_{x \to 1} \sin\left(\pi\sqrt{\dfrac{x+1}{5x+3}}\right)$；

(3) $\lim\limits_{x \to +\infty}(\sqrt{x+1} - \sqrt{x})$；

(4) $\lim\limits_{x \to +\infty} \sin(\arctan x)$.

3. 讨论函数 $y = |x|$ 在点 $x = 0$ 处的连续性.

4. 求下列函数的间断点，并判断其类型.

(1) $y = x \sin \dfrac{1}{x}$； (2) $y = \dfrac{x^2 - 2x + 1}{x^2 - 1}$； (3) $y = \dfrac{x}{|x|}$.

5. 若函数 $f(x) = \begin{cases} \dfrac{\sin 3x}{x} & x < 0 \\ x^2 + a & x \geq 0 \end{cases}$，在定义域内连续，求 a 的值.

6. 证明方程 $x \cdot 2^x = 1$ 至少有一个小于 1 的正实根.

综合练习 1

一、填空题

1. 函数 $y = \sqrt{x^2 - 2x + 3} + \ln(x - 1)$ 的定义域为_____.

2. 函数 $y = \sin x \sin \dfrac{1}{x}$ 的间断点是_____，是第_____类间断点.

3. $\lim\limits_{x \to 0}(1+\sin x)^{\frac{3}{\sin x}} = $ _____.

4. $\lim\limits_{x \to 2} \dfrac{\sin(x^2-4)}{x-2} = $ _____.

5. 函数 $f(x) = \dfrac{1}{\sqrt{x^2-3x+2}}$ 的连续区间是_____.

6. 若 $\lim\limits_{x \to 0} \dfrac{f(x)}{x^2} = 2$，则 $\lim\limits_{x \to 0} \dfrac{f(x)}{x} = $ _____.

7. 若函数 $f(x) = \begin{cases} \dfrac{\tan 2x}{x} & x < 0 \\ \sin x + a & x \geq 0 \end{cases}$，在定义域内连续，则 $a = $ _____.

二、选择题

1. 下列函数中奇函数为（　　）.
   A. $y = \arccos x$　　　　　　　　　　B. $y = \ln(x+1)$
   C. $y = \dfrac{e^x + e^{-x}}{2}$　　　　　　　　D. $y = \dfrac{e^x - e^{-x}}{2}$

2. 下列极限等于 e 的是（　　）.
   A. $\lim\limits_{x \to \infty}(1+x)^{\frac{1}{x}}$　　　　　　　　B. $\lim\limits_{x \to \infty}\left(1+\dfrac{1}{x}\right)^{x-1}$
   C. $\lim\limits_{x \to \infty}\left(1-\dfrac{1}{x}\right)^x$　　　　　　D. $\lim\limits_{x \to 0}\left(1+\dfrac{1}{x}\right)^x$

3. 函数 $f(x)$ 在 x_0 左连续且右连续是函数 $f(x)$ 在点 x_0 处连续的（　　）条件.
   A. 充分非必要　　　　　　　　　B. 必要非充分
   C. 充要　　　　　　　　　　　　D. 前三者均不是

4. 以下说法正确的是（　　）.
   A. 两个无穷小的商必为无穷小　　　B. 两个无穷大的和必为无穷大
   C. 无穷小与有界函数的积必为无穷小　D. 无穷小的倒数必为无穷大

5. 下列极限式正确的是（　　）.
   A. $\lim\limits_{x \to 0}\left(1-\dfrac{1}{x}\right)^{-x} = e$　　　　B. $\lim\limits_{x \to \infty} \dfrac{\sin x}{x} = 1$
   C. $\lim\limits_{n \to \infty}\left(\dfrac{1}{\pi}\right)^n = \infty$　　　　　　D. $\lim\limits_{n \to \infty} 2^n \sin \dfrac{1}{2^n} = 1$

6. 函数 $y = \dfrac{1}{x^2}$ 在区间（　　）内有界.
   A. $[-2,-1]$　　　　　　　　　　B. $[-1,1]$
   C. $(-1,0)$　　　　　　　　　　　D. $(0,1)$

7. 设函数 $f(x)=\begin{cases}\dfrac{\sin x}{x} & x\neq 0 \\ 0 & x=0\end{cases}$，则 $x=0$ 是 $f(x)$ 的（　　）.

A. 可去间断点　　　　　　　　B. 跳跃间断点

C. 第二类间断点　　　　　　　D. 连续点

三、计算题

1. 求极限.

(1) $\lim\limits_{x\to\infty}\dfrac{2x^2+x-1}{-3x^2+4x-5}$；

(2) $\lim\limits_{n\to\infty}[\dfrac{1}{1\times 3}+\dfrac{1}{3\times 5}+\cdots+\dfrac{1}{(2n-1)\times(2n+1)}]$；

(3) $\lim\limits_{n\to\infty}\dfrac{\pi^n}{2^n+3^n}$；

(4) $\lim\limits_{x\to\infty}x\cos\dfrac{1}{x}$；

(5) $\lim\limits_{x\to 0}\dfrac{x^2\sin\dfrac{1}{x}}{\sin x}$；

(6) $\lim\limits_{x\to 0}\dfrac{2x-3\sin x}{x+4\sin x}$；

(7) $\lim\limits_{x\to 0}\dfrac{2\tan(3x)^2}{\arcsin^2 x}$；

(8) $\lim\limits_{x\to\infty}(\dfrac{x-1}{x+1})^{2x-1}$；

(9) $\lim\limits_{x\to+\infty}(\sin\sqrt{x+1}-\sin\sqrt{x})$；

(10) $\lim\limits_{x\to+\infty}(\sqrt{x+\sqrt{x}}-\sqrt{x})$；

(11) $\lim\limits_{x\to 0}\dfrac{3x+5x^2-7x^3}{4x^3+2\tan x}$；

(12) $\lim\limits_{x\to 0}\dfrac{e^{\frac{\sin x}{3}}-1}{\arctan x}$.

2. 求函数 $f(x)=\dfrac{\ln|x|}{x^2-3x+2}$ 的连续区间及间断点，并判断各间断点的类型.

3. 已知 $\lim\limits_{x\to\infty}\left(\dfrac{2x^2}{x+1}-ax-b\right)=1$，其中 a,b 为常数，求 a,b.

4. 已知 $f(x)=\begin{cases}\dfrac{1}{x}\sin x & x<0 \\ a & x=0 \\ x\sin\dfrac{1}{x}+b & x>0\end{cases}$，问当 a,b 为何值时 $f(x)$ 在定义域内连续.

四、证明题

1. 证明：任何定义在区间 $[-a,a]$（其中 $a>0$）上的函数 $f(x)$ 都可以表示成一个奇函数和一个偶函数的和.

2. 证明方程 $x^5-2x^2+1=0$ 在区间 $(0,1)$ 上至少有一个实根.

第 2 章 导数与微分

学习目标

1. 掌握函数的导数及导函数的定义；
2. 掌握函数的微分定义；
3. 掌握导数的基本公式及法则，会求显、隐函数的导数、高阶导数或导数值；
4. 掌握微分的基本公式及法则，会求函数的微分、增量；
5. 了解可导、可微、连续之间的关系.

2.1 导数的概念

在自然科学的许多领域中，当研究运动的各种形式时，都需要从数量上研究函数相对于自变量变化的快慢程度，如变速直线运动物体的速度；物体沿曲线运动时速度的方向，即曲线的切线问题等，所有这些问题在数量关系上都归结为函数的变化率，即导数. 本节以切线问题为背景来建立导数的概念.

一、引例

由解析几何知道，要写出过曲线上一点 $(x_0, f(x_0))$ 的切线方程，只需知道过此点切线的斜率即可. 那么，切线的斜率又是如何描述的呢？

如图 2.1 所示，设曲线 L 的方程为 $y=f(x)$，求曲线 L 上一点 $P_0(x_0, y_0)$ 处切线的斜率 k.

由曲线切线的定义知：未知的切线斜率与割线的斜率是密切相关的，我们先求割线 P_0P 的斜率. 当自变量 x 在点 x_0 处取得增量 Δx 时，在曲线 $y=f(x)$ 上相应地得到另一点 $P(x_0+\Delta x, f(x_0+\Delta x))$. 连接此两点得割线 P_0P，其斜率为

图 2.1

$$k_{割} = \frac{\Delta y}{\Delta x} = \frac{f(x_0+\Delta x) - f(x_0)}{\Delta x}$$

当点 P 沿曲线 L 移动而无限接近于点 P_0，即 $\Delta x \to 0$ 时，割线 P_0P 就越来越接近切线的位置，此时割线的斜率就无限接近切线的斜率. 因此，当 $\Delta x \to 0$ 时，割线 P_0P 斜率的极限

就是切线的斜率,即

$$k = \lim_{\Delta x \to 0} k_{割} = \lim_{\Delta x \to 0} \frac{\Delta y}{\Delta x} = \lim_{\Delta x \to 0} \frac{f(x_0 + \Delta x) - f(x_0)}{\Delta x}$$

曲线 L 在点 P_0 处切线的斜率反映了曲线 $y=f(x)$ 在点 P_0 处纵坐标相对于横坐标变化的快慢程度. 因此,**点 P_0 处斜率 k 可看作是曲线 $y=f(x)$ 在 $x=x_0$ 处的变化率**.

其中,$\frac{\Delta y}{\Delta x}$ 是函数的改变量与自变量的改变量之比,称为函数 $f(x)$ 在点 x_0 的**差商**,它表示函数 $f(x)$ 在 $(x_0, x_0 + \Delta x)$ 范围内的平均变化率;$\lim\limits_{\Delta x \to 0} \frac{\Delta y}{\Delta x}$ 表示的是函数 $f(x)$ 在点 x_0 处的变化率,我们把这种变化率称为函数的导数. 下面用极限来描述导数概念.

二、导数的概念

1. 导数的极限定义

【定义1】 设函数 $y = f(x)$ 在区间 (a, b) 内有定义,$x_0 \in (a, b)$,若函数 $f(x)$ 在 x_0 处的差商 $\frac{\Delta y}{\Delta x}$ 的极限

$$\lim_{\Delta x \to 0} \frac{\Delta y}{\Delta x} = \lim_{\Delta x \to 0} \frac{f(x_0 + \Delta x) - f(x_0)}{\Delta x}$$

存在,则称函数 $f(x)$ 在点 x_0 可导,并称此极限值为函数 $y=f(x)$ 在点 x_0 的导数,记为

$$f'(x_0), y'(x_0), \frac{dy}{dx}\bigg|_{x=x_0} \text{或} \frac{df}{dx}\bigg|_{x=x_0}$$

即

$$f'(x_0) = \lim_{\Delta x \to 0} \frac{\Delta y}{\Delta x} = \lim_{\Delta x \to 0} \frac{f(x_0 + \Delta x) - f(x_0)}{\Delta x}$$

如果令 $x = x_0 + \Delta x$,则当 $\Delta x \to 0$ 时,$x \to x_0$,故函数在 x_0 处的导数也可表示为

$$f'(x_0) = \lim_{x \to x_0} \frac{f(x) - f(x_0)}{x - x_0}$$

这也是今后常用的一种形式. 如果此极限不存在,则称函数 $f(x)$ 在点 x_0 不可导. 特别地,如果 $\lim\limits_{\Delta x \to 0} \frac{\Delta y}{\Delta x} = \infty$,则称 $f(x_0)$ 在点 x_0 的导数为无穷大. 有了导数概念之后,前面讲的例子就可用导数来表达.

导数的几何意义——切线的斜率,即 $k_{切} = f'(x)$.

所以 $y=f(x)$ 在点 $P(x_0, y_0)$ 处的切线方程和法线方程分别为

$$y - y_0 = f'(x_0)(x - x_0); \quad y - y_0 = -\frac{1}{f'(x_0)}(x - x_0), f'(x_0) \neq 0$$

在实际问题中,只要涉及变化率,就要想到导数. 反之,一个有实际背景的导数,必体现为某个变量的变化率. 只是在不同的领域中,数学中的导数有着不同的称呼而已.

2. 导数与导函数

如果 $f(x)$ 在 (a,b) 内任一点都可导，则称 $f(x)$ 在 (a,b) 内可导，此时 $f(x)$ 的导数 $f'(x)$ 仍是 x 的函数，这个新函数 $f'(x)$ 称为 $f(x)$ 开区间 (a,b) 内对 x 的**导函数**，记作

$$f'(x), \quad y', \quad \frac{dy}{dx} \text{ 或 } \frac{d}{dx}f(x).$$

即

$$f'(x) = \lim_{\Delta x \to 0} \frac{\Delta y}{\Delta x} = \lim_{\Delta x \to 0} \frac{f(x+\Delta x)-f(x)}{\Delta x}.$$

在不致发生混淆的情况下，导函数简称为导数．显然，**导数 $f'(x_0)$ 就是导函数 $f'(x)$ 在 x_0 处的函数值**．

3. 左导数和右导数

类似于左、右极限的概念，若 $\lim\limits_{\Delta x \to 0^-} \dfrac{\Delta y}{\Delta x}$ 存在，则称此极限值为 $f(x)$ 在点 x_0 处的左导数；若 $\lim\limits_{\Delta x \to 0^+} \dfrac{\Delta y}{\Delta x}$ 存在，则称此极限值为 $f(x)$ 在点 x_0 处的右导数，分别记为 $f'_-(x_0)$ 和 $f'_+(x_0)$，即

$$f'_-(x_0) = \lim_{\Delta x \to 0^-} \frac{\Delta y}{\Delta x}$$
$$= \lim_{\Delta x \to 0^-} \frac{f(x_0+\Delta x)-f(x_0)}{\Delta x}$$
$$= \lim_{x \to x_0^-} \frac{f(x)-f(x_0)}{x-x_0}$$

$$f'_+(x_0) = \lim_{\Delta x \to 0^+} \frac{\Delta y}{\Delta x}$$
$$= \lim_{\Delta x \to 0^+} \frac{f(x_0+\Delta x)-f(x_0)}{\Delta x}$$
$$= \lim_{x \to x_0^+} \frac{f(x)-f(x_0)}{x-x_0}$$

显然，函数 $f(x)$ 在点 x_0 处可导的充要条件是，$f'_-(x_0)$ 和 $f'_+(x_0)$ 存在且相等，即

$$f'(x_0) = A \Leftrightarrow f'_-(x_0) = f'_+(x_0) = A$$

【**例 2.1**】 设 $f(x)=\begin{cases} 1-\cos x & -\infty < x < 0 \\ x^2 & 0 \leqslant x < 1 \\ x^3 & 1 \leqslant x < +\infty \end{cases}$，讨论 $f(x)$ 在点 $x=0$ 和点 $x=1$ 处的可导性．

【**解**】 由于函数是分段函数，所以要用左、右导数来判断．

先讨论 $x=0$ 处的可导性：

$$f'_-(0) = \lim_{x \to 0^-} \frac{f(x)-f(0)}{x-0} = \lim_{x \to 0^-} \frac{1-\cos x}{x}$$

$$= \lim_{x \to 0^-} \frac{2\sin^2\frac{x}{2}}{x} = \lim_{x \to 0^-} \sin\frac{x}{2} \cdot \lim_{x \to 0^-} \frac{\sin\frac{x}{2}}{\frac{x}{2}} = 0$$

$$f'_+(0) = \lim_{x \to 0^+} \frac{f(x) - f(0)}{x - 0}$$

$$= \lim_{x \to 0^+} \frac{x^2}{x} = \lim_{x \to 0^+} x = 0$$

由于 $f'_-(0) = f'_+(0) = 0$，所以 $f'(0) = 0$.

再讨论 $x = 1$ 处的可导性：

$$f'_-(1) = \lim_{x \to 1^-} \frac{f(x) - f(1)}{x - 1} = \lim_{x \to 1^-} \frac{x^2 - 1}{x - 1}$$

$$= \lim_{x \to 1^-} (x + 1) = 2$$

$$f'_+(1) = \lim_{x \to 1^+} \frac{f(x) - f(1)}{x - 1} = \lim_{x \to 1^+} \frac{x^3 - 1}{x - 1}$$

$$= \lim_{x \to 1^+} (x^2 + x + 1) = 3$$

由于 $f'_-(1) \neq f'_+(1)$，所以 $f'(1)$ 不存在.

三、可导与连续的关系

连续性与可导性是函数的两个重要性质，二者之间的关系如何呢？先从几何直观上看一下，参见图 2.2.

图 2.2

从图 2.2 上可以看到：(a) 在 x_0 处不连续，$f'(x_0)$ 不存在；(b)，(c) 在 x_0 处是连续的，但显然不可导.

此外，从概念上看，连续指的是当 $\Delta x \to 0$ 时，有 $\Delta y \to 0$；可导指的是增量比的极限 $\lim_{\Delta x \to 0} \frac{\Delta y}{\Delta x}$ 存在；所以当 $y = f(x)$ 可导时，有 $\lim_{\Delta x \to 0} \Delta y = \lim_{\Delta x \to 0} \frac{\Delta y}{\Delta x} \Delta x = \lim_{\Delta x \to 0} \frac{\Delta y}{\Delta x} \lim_{\Delta x \to 0} \Delta x = 0$ 成立. 但反之不成立.

【例 2.2】 讨论函数 $y = f(x) = |x| = \begin{cases} x & x \geq 0 \\ -x & x < 0 \end{cases}$，在 $x = 0$ 处的连续性及可导性.

【解】 显然 $f(x)$ 在 $x = 0$ 处连续.

但

$$f'_-(0) = \lim_{x \to 0^-} \frac{f(x) - f(0)}{x - 0}$$

$$= \lim_{x \to 0^-} \frac{-x - 0}{x - 0} = -1$$

$$f'_+(0) = \lim_{x \to 0^+} \frac{f(x) - f(0)}{x - 0}$$

$$= \lim_{x \to 0^+} \frac{x - 0}{x - 0} = 1$$

由于 $f'_-(0) \neq f'_+(0)$，所以函数 $y = f(x)$ 在 $x = 0$ 处不可导.

由此可见，**函数在一点连续是它在该点可导的必要条件而非充分条件.**

一般地，如果函数 $y = f(x)$ 的图形在点 x_0 处出现"尖点"，则它在该点不可导。因此，如果函数在一个区间内可导，则其图形不会出现"尖点"，或者说其图形是一条连续的光滑曲线。

【例 2.3】 求常数 a, b 使得 $f(x) = \begin{cases} e^x & x \geq 0 \\ ax + b & x < 0 \end{cases}$，在 $x = 0$ 点可导.

【解】 若使 $f(x)$ 在 $x = 0$ 点可导，必使之连续，故

$$\lim_{x \to 0^+} f(x) = \lim_{x \to 0^-} f(x) = f(0) \Rightarrow e^0 = a \cdot 0 + b \Rightarrow b = 1$$

又若使 $f(x)$ 在 $x = 0$ 点可导，必使之左右导数存在且相等. 由函数知，左右导数是存在的，且

$$f'_-(0) = \lim_{x \to 0^-} \frac{(ax + b) - e^0}{x - 0} = a$$

$$f'_+(0) = \lim_{x \to 0^+} \frac{e^x - e^0}{x - 0} = \lim_{x \to 0^+} \frac{x}{x} = 1$$

所以若有 $a = 1$，则 $f'_-(0) = f'_+(0)$，此时 $f(x)$ 在 $x = 0$ 点可导，所以所求常数为 $a = b = 1$.

习题 2.1

1. 讨论函数 $f(x) = \begin{cases} x^2 + 1 & 0 \leq x < 1 \\ 3x - 1 & x \geq 1 \end{cases}$，在 $x = 1$ 处是否可导？

2. 求下列函数的导数.

（1）$y = \sqrt{x}$； （2）$y = \dfrac{1}{\sqrt{x}}$； （3）$y = 2^x$； （4）$y = \log_5 x$.

3. 设函数 $f(x) = \sqrt{x\sqrt{x\sqrt{x}}}$，求 $f'(x)$，$f'(1)$，$[f(1)]'$.

4. 若曲线 $y = x^3$ 在点 (x_0, y_0) 处切线斜率等于 3，求点 (x_0, y_0) 的坐标.

5. 如果 $f(x)$ 在点 x_0 处的导数为 1，求：

（1）$\lim\limits_{h \to 0} \dfrac{f(x_0 - 2h) - f(x_0)}{h}$； （2）$\lim\limits_{h \to 0} \dfrac{f(x_0 + h) - f(x_0 - h)}{h}$.

2.2 导数的运算

求函数的导数是微分学中最基本的运算. 当函数比较复杂时,按照导数的概念进行求导比较困难. 本节给出导数的四则运算法则和反函数的求导法则,从而得到基本初等函数的求导公式,再给出复合函数的求导法则,进而解决初等函数的求导问题.

一、导数的四则运算法则

【法则1】 设函数 $u = u(x)$,$v = v(x)$ 都在点 x 处可导,则函数 $u \pm v$,uv,$\dfrac{u}{v}(v \neq 0)$ 在点 x 处也可导,且

$1°$ $(u \pm v)' = u' \pm v'$;

$2°$ $(u \cdot v)' = u' \cdot v + u \cdot v'$;

$3°$ $\left(\dfrac{u}{v}\right)' = \dfrac{u' \cdot v - u \cdot v'}{v^2}$ $(v \neq 0)$.

【推论】 $1°$ $(u_1 \pm u_2 \pm \cdots \pm u_n)' = u_1' \pm u_2' \pm \cdots \pm u_n'$;

$2°$ $(cu)' = cu'$(c 为常数);

$3°$ $(u_1 u_2 \cdots u_n)' = (u_1' u_2 \cdots u_n + u_1 u_2' \cdots u_n + \cdots + u_1 u_2 \cdots u_n')$;

$4°$ $\left(\dfrac{1}{v}\right)' = -\dfrac{v'}{v^2}$ $(v \neq 0)$.

【例2.4】 求下列函数的导数.

(1) $y = x^2 - \dfrac{3}{x} + \sqrt{x} + \ln 2$; (2) $y = x^2 \ln x$.

【解】 (1) $y' = (x^2)' - \left(\dfrac{3}{x}\right)' + (\sqrt{x})' + (\ln 2)' = 2x + \dfrac{3}{x^2} + \dfrac{1}{2\sqrt{x}}$;

(2) $y' = (x^2 \ln x)' = (x^2)' \ln x + x^2 (\ln x)' = 2x \ln x + x^2 \dfrac{1}{x} = 2x \ln x + x$.

【例2.5】 求下列函数的导数.

(1) $y = \tan x$; (2) $y = \sec x$.

【解】 (1) $(\tan x)' = \left(\dfrac{\sin x}{\cos x}\right)' = \dfrac{(\sin x)' \cos x - \sin x (\cos x)'}{\cos^2 x} = \dfrac{\cos^2 x + \sin^2 x}{\cos^2 x} = \sec^2 x$;

(2) $(\sec x)' = \left(\dfrac{1}{\cos x}\right)' = \dfrac{\sin x}{\cos^2 x} = \tan x \cdot \sec x$;

同理有 $(\cot x)' = -\csc^2 x$; $(\csc x)' = -\cot x \cdot \csc x$.

【例2.6】 设 $y = e^x \cdot \sin x$，求 y'' 及 $y''|_{x=0}$.

【解】
$$y' = e^x \cdot \sin x + e^x \cdot \cos x = e^x(\sin x + \cos x)$$
$$y'' = [e^x(\sin x + \cos x)]' = e^x(\sin x + \cos x) + e^x(\cos x - \sin x) = 2\cos x \cdot e^x$$
$$y''|_{x=0} = 2\cos 0 \cdot e^0 = 2$$

二、反函数的求导法则

【法则2】 如果单调连续函数 $x = \varphi(y)$ 在点 y 处可导，而且 $\varphi'(y) \neq 0$，那么它的反函数 $y = f(x)$ 在对应的点 x 处可导，且有

$$f'(x) = \frac{1}{\varphi'(y)}$$

或

$$\frac{dy}{dx} = \frac{1}{\frac{dx}{dy}}$$

【例2.7】 求反三角函数 $y = \arcsin x$ 的导数.

【解】 $y = \arcsin x$，$x \in (-1,1)$ 是 $x = \sin y$，$y \in \left(-\frac{\pi}{2}, \frac{\pi}{2}\right)$ 的反函数，所以

$$(\arcsin x)' = \frac{1}{(\sin y)'} = \frac{1}{\cos y} = \frac{1}{\sqrt{1 - \sin^2 y}} = \frac{1}{\sqrt{1 - x^2}}$$

因为 $y \in \left(-\frac{\pi}{2}, \frac{\pi}{2}\right)$，所以 $\cos y > 0$，故根号前取 + 号.

类似可证 $(\arccos x)' = \frac{-1}{\sqrt{1-x^2}}$；$(\arctan x)' = \frac{1}{1+x^2}$；$(\mathrm{arccot}\, x)' = \frac{-1}{1+x^2}$.

三、基本初等函数的求导公式

为了运算的方便，下面给出基本初等函数的求导数公式. 而这些公式在前面的例题中已经得到了.

$c' = 0$（c 为常数） $(x^\alpha)' = \alpha x^{\alpha-1}$（$\alpha$ 为常数）

$(a^x)' = a^x \ln a$ $(a > 0, a \neq 1)$ $(e^x)' = e^x$

$(\log_a x)' = \frac{1}{x} \cdot \frac{1}{\ln a}$ $(a > 0, a \neq 1)$ $(\ln x)' = \frac{1}{x}$

$(\sin x)' = \cos x$ $(\cos x)' = -\sin x$

$(\tan x)' = \sec^2 x$ $(\cot x)' = -\csc^2 x$

$(\sec x)' = \sec x \cdot \tan x$ $(\csc x)' = -\csc x \cdot \cot x$

$(\arcsin x)' = \frac{1}{\sqrt{1-x^2}}$ $(\arccos x)' = -\frac{1}{\sqrt{1-x^2}}$

$$(\arctan x)' = \frac{1}{1+x^2} \qquad (\text{arccot}\, x)' = -\frac{1}{1+x^2}$$

【例 2.8】 求下列函数的导数.

(1) $y = x^2 \tan x$； (2) $y = \dfrac{\mathrm{e}^x}{x} - \ln 2$.

【解】 (1) $y' = x^2 \sec^2 x + 2x \tan x$

(2) $y' = \dfrac{x\mathrm{e}^x - \mathrm{e}^x}{x^2}$

四、复合函数的求导法则

【法则 3】 设函数 $y = f[\varphi(x)]$ 由 $y = f(u)$ 及 $u = \varphi(x)$ 复合而成，若函数 $u = \varphi(x)$ 在点 x 处可导，$y = f(u)$ 在对应点 u 处也可导，则复合函数 $y = f[\varphi(x)]$ 在点 x 处可导，且

$$\frac{\mathrm{d}y}{\mathrm{d}x} = \frac{\mathrm{d}y}{\mathrm{d}u} \cdot \frac{\mathrm{d}u}{\mathrm{d}x}$$

也可写成 $y'_x = y'_u \cdot u'_x$ 或 $y'_x = f'(u) \cdot \varphi'(x)$.

【例 2.9】 求下列函数的导数.

(1) $y = \sin 3x$； (2) $y = (3x + 5)^3$.

【解】 (1) 将 $y = \sin 3x$ 看成 $y = \sin u$ 与 $u = 3x$ 复合而成的函数，故

$$\frac{\mathrm{d}y}{\mathrm{d}x} = \frac{\mathrm{d}y}{\mathrm{d}u} \cdot \frac{\mathrm{d}u}{\mathrm{d}x} = (\sin u)' \cdot (3x)'$$
$$= \cos u \cdot 3 = 3\cos 3x$$

(2) 将 $y = (3x+5)^3$ 看成 $y = u^3$ 与 $u = 3x + 5$ 复合而成的函数，故

$$\frac{\mathrm{d}y}{\mathrm{d}x} = (u^3)' \cdot (3x+5)'$$
$$= 3u^2 \cdot 3 = 9(3x+5)^2$$

在熟悉了复合函数的求导法则后，中间变量不必写出来.

【例 2.10】 求下列函数的导数.

(1) $y = \ln \cos x$； (2) $y = \arctan \dfrac{1}{x}$.

【解】 (1) $y' = \dfrac{1}{\cos x} \cdot (\cos x)' = \dfrac{-\sin x}{\cos x} = -\tan x$

(2) $y' = \dfrac{1}{1 + \left(\dfrac{1}{x}\right)^2} \cdot \left(\dfrac{1}{x}\right)' = \dfrac{x^2}{x^2 + 1} \cdot \left(-\dfrac{1}{x^2}\right) = \dfrac{-1}{x^2 + 1}$

法则 3 还可以推广到有限多个中间变量的复合函数的情形. 以两个中间变量为例，若 $y = f(u)$、$u = \varphi(v)$、$v = \psi(x)$ 均可导，则有 $\dfrac{\mathrm{d}y}{\mathrm{d}x} = \dfrac{\mathrm{d}y}{\mathrm{d}u} \cdot \dfrac{\mathrm{d}u}{\mathrm{d}v} \cdot \dfrac{\mathrm{d}v}{\mathrm{d}x}$.

【例 2.11】 求下列函数的导数.

(1) $y = \left(\arcsin \dfrac{x}{2}\right)^3$；　　(2) $y = \ln\left(x + \sqrt{x^2+1}\right)$.

【解】 (1) $y' = 3\left(\arcsin \dfrac{x}{2}\right)^2 \dfrac{1}{\sqrt{1-\dfrac{x^2}{4}}} \cdot \dfrac{1}{2}$

$= \dfrac{3}{\sqrt{4-x^2}}\left(\arcsin \dfrac{x}{2}\right)^2$

(2) $y' = \left[\ln(x+\sqrt{x^2+1})\right]' = \dfrac{1}{x+\sqrt{x^2+1}}(x+\sqrt{x^2+1})'$

$= \dfrac{1}{x+\sqrt{x^2+1}}\left(1 + \dfrac{x}{\sqrt{x^2+1}}\right) = \dfrac{1}{\sqrt{x^2+1}}$

五、隐函数及其求导法则

我们知道用解析法表示函数，可以有不同的形式．若函数 y 可以用含自变量 x 的算式表示，像 $y = 2\sin x$，$y = 1 - 3x$ 等，这样的函数称为**显函数**．前面我们所遇到的函数大多都是显函数．

一般地，如果方程 $F(x, y) = 0$ 中，令 x 在某一区间内任取一值时，相应地总有满足此方程的 y 值存在，则我们就说方程 $F(x, y) = 0$ 在该区间上确定了 x 的**隐函数** y．把一个隐函数化成显函数的形式，叫作隐函数的显化．

注 有些隐函数并不是很容易化为显函数的，那么在隐函数的形式下求其导数时该如何呢？下面让我们来解决这个问题．

若已知 $F(x, y) = 0$，求 y' 时，一般按下列步骤进行求解：

a) 若方程 $F(x, y) = 0$，能化为 $y = f(x)$ 的形式，则用前文所介绍的方法进行求导；

b) 若方程 $F(x, y) = 0$，不能化为 $y = f(x)$ 的形式，则是方程两边对 x 进行求导，并把 y 看成 x 的函数 $y = f(x)$，再用复合函数求导法则进行．

【例 2.12】 已知 $x^2 + y^2 - xy = 1$，求 y'.

【解】 此方程不易显化，故运用隐函数求导法，两边对 x 进行求导．

$$(x^2 + y^2 - xy)' = (1)'$$

即

$$2x + 2yy' - (y + xy') = 0$$

故

$$y' = \dfrac{y - 2x}{2y - x}$$

【例 2.13】 已知隐函数 $y^5 + 2y - x - 3x^7 = 0$，求 $y'|_{x=0}$.

【解】 两边对 x 求导

$$5y^4 y' + 2y' - 1 - 21x^6 = 0$$

故

$$y' = \frac{1 + 21x^6}{5y^4 + 2}$$

当 $x = 0$ 时，$y = 0$，故

$$y'|_{x=0} = \frac{1}{2}$$

六、对数求导法

有些函数，利用所谓的对数求导法求导数比用通常的方法要简便些．这种方法是先在 $y = f(x)$ 的两端取对数，将 $y = f(x)$ 隐式化，然后利用隐函数求导法求出 y 的导数．下面通过例子来介绍这种方法．

【例 2.14】 求 $y = x^{\sin x} (x > 0)$ 的导数 y'．

【解】 这个函数既不是幂函数也不是指数函数，通常称为幂-指函数．为了求这个函数的导数，在 $y = x^{\sin x}$ 的两端取对数，得

$$\ln y = \sin x \cdot \ln x$$

再在上式两端求对 x 的导数，得

$$\frac{1}{y} \cdot y' = \cos x \cdot \ln x + \sin x \cdot \frac{1}{x}$$

所以

$$y' = y\left(\cos x \cdot \ln x + \frac{\sin x}{x}\right) = x^{\sin x}\left(\cos x \cdot \ln x + \frac{\sin x}{x}\right)$$

如上形式的幂-指函数一般都可以采用上述的对数求导法来求导数．

【例 2.15】 求 $y = \dfrac{(x-1)\sqrt[5]{x-2}}{(x+4)^3 e^x} (x > 2)$ 的导数 y'．

【解】 对 $y = \dfrac{(x-1)\sqrt[5]{x-2}}{(x+4)^3 e^x} (x > 2)$ 的两端取对数，得

$$\ln y = \ln(x-1) + \frac{1}{5}\ln(x-2) - 3\ln(x+4) - x$$

上式两端求对 x 的导数，得

$$\frac{1}{y} \cdot y' = \frac{1}{x-1} + \frac{1}{5(x-2)} - \frac{3}{x+4} - 1$$

所以

$$y' = y\left[\frac{1}{x-1} + \frac{1}{5(x-2)} - \frac{3}{x+4} - 1\right]$$

$$= \frac{(x-1)\sqrt[5]{x-2}}{(x+4)^3 \mathrm{e}^x}\left[\frac{1}{x-1}+\frac{1}{5(x-2)}-\frac{3}{x+4}-1\right]$$

七、高阶导数

我们知道，变速直线运动的速度 $v(t)$ 是位置函数 $s(t)$ 对时间 t 的导数，即

$$v=\frac{\mathrm{d}s}{\mathrm{d}t} \quad \text{或} \quad v=s'$$

而加速度 a 又是速度 v 对时间 t 的变化率，即速度 v 对时间 t 的导数：

$$a=\frac{\mathrm{d}v}{\mathrm{d}t}=\frac{\mathrm{d}}{\mathrm{d}t}\left(\frac{\mathrm{d}s}{\mathrm{d}t}\right) \quad \text{或} \quad a=(s')'$$

这种导函数的导数 $\frac{\mathrm{d}}{\mathrm{d}t}\left(\frac{\mathrm{d}s}{\mathrm{d}t}\right)$ 或 $(s')'$ 称为二阶导数，记作

$$\frac{\mathrm{d}^2 s}{\mathrm{d}t^2} \quad \text{或} \quad s''(t)$$

所以，直线运动的加速度就是位置函数 s 对时间 t 的二阶导数．

一般地，函数 $y=f(x)$ 的导数 $y'=f'(x)$ 仍然是 x 的函数，我们把函数 $y'=f'(x)$ 的导数称为函数 $y=f(x)$ 的二阶导数，记作 y'' 或 $\frac{\mathrm{d}^2 y}{\mathrm{d}x^2}$，即

$$y''=(y')' \quad \text{或} \quad \frac{\mathrm{d}^2 y}{\mathrm{d}x^2}=\frac{\mathrm{d}}{\mathrm{d}x}\left(\frac{\mathrm{d}y}{\mathrm{d}x}\right)$$

相应地，把 $y=f(x)$ 的导数 y' 称为函数 $y=f(x)$ 的一阶导数．

类似地，二阶导数的导数，称为三阶导数，三阶导数的导数称为四阶导数，……，一般地，$(n-1)$ 阶导数的导数称为 n 阶导数，分别记作

$$y''', y^{(4)}, \cdots, y^{(n-1)}, y^{(n)}$$

或

$$\frac{\mathrm{d}^3 y}{\mathrm{d}x^3}, \frac{\mathrm{d}^4 y}{\mathrm{d}y^4}, \cdots, \frac{\mathrm{d}^{n-1} y}{\mathrm{d}x^{n-1}}, \frac{\mathrm{d}^n y}{\mathrm{d}x^n}.$$

函数 $y=f(x)$ 具有 n 阶导数，也常说成函数 $f(x)$ n 阶可导，如果函数 $f(x)$ 在点 x 处具有 n 阶导数，那么 $f(x)$ 在点 x 的某一邻域内必定具有一切低于 n 阶的导数．二阶及二阶以上的导数统称高阶导数．

由此可见，求高阶导数就是多次接连地求导数．所以，仍可应用前面学过的求导方法来计算高阶导数．

【例 2.16】 设 $y=\arctan x$，求 $y''(0), y'''(0)$．

【解】 $y'=\dfrac{1}{1+x^2}$, $y''=-\dfrac{2x}{\left(1+x^2\right)^2}$, $y'''=\dfrac{2(3x^2-1)}{\left(1+x^2\right)^3}$

所以
$$y''(0) = -\frac{2x}{(1+x^2)^2}\bigg|_{x=0} = 0$$

$$y'''(0) = \frac{2(3x^2-1)}{(1+x^2)^3}\bigg|_{x=0} = -2$$

【例 2.17】 设 $y = x^n$（n 为正整数），求 $y^{(n)}$.

【解】
$$y' = nx^{n-1}$$
$$y'' = n(n-1)x^{n-2}$$
$$y''' = n(n-1)(n-2)x^{n-3}$$
$$\cdots$$
$$y^{(n-1)} = n(n-1)(n-2)\cdots 2x$$
$$y^{(n)} = n(n-1)(n-2)\cdots 2\cdot 1 = n!$$

【例 2.18】 设 $y = a^x$ ($a > 0, a \neq 1$)，求 $y^{(n)}$.

【解】 $y' = a^x \ln a$, $y'' = (a^x \ln a)' = a^x \ln^2 a$, $\cdots$,
$$y^{(n)} = a^x \ln^n a$$

特别地,
$$(e^x)^{(n)} = e^x$$

【例 2.19】 设 $y = \ln x$，求 $y^{(n)}$.

【解】
$$y' = \frac{1}{x}$$
$$y'' = -\frac{1}{x^2}$$
$$y''' = (-1)^2 \frac{1\cdot 2}{x^3}$$
$$y^{(4)} = (-1)^3 \frac{1\cdot 2\cdot 3}{x^4}$$
$$\cdots$$
$$y^{(n)} = (-1)^{n-1}\frac{(n-1)!}{x^n}$$

【例 2.20】 设 $y = \sin x$，求 $y^{(n)}$.

【解】 $y' = \cos x = \sin\left(x+\frac{\pi}{2}\right)$

$y'' = \cos\left(x+\frac{\pi}{2}\right) = \sin\left(x+\frac{\pi}{2}+\frac{\pi}{2}\right) = \sin\left(x+2\cdot\frac{\pi}{2}\right)$

$y''' = \cos\left(x+2\cdot\frac{\pi}{2}\right) = \sin\left(x+2\cdot\frac{\pi}{2}+\frac{\pi}{2}\right) = \sin\left(x+3\cdot\frac{\pi}{2}\right)$

$\cdots$

$$y^{(n)} = \sin\left(x + n \cdot \frac{\pi}{2}\right)$$

同理可得 $\cos^{(n)}(x) = \cos\left(x + n \cdot \frac{\pi}{2}\right)$.

【例 2.21】 $y = y(x)$ 是由方程 $e^y + xy = e$ 所确定的隐函数, 试求 $y'(0)$, $y''(0)$.

【解】 方程两边对 x 求导:
$$e^y y' + y + xy' = 0 \qquad ①$$

方程两边再对 x 求导:
$$e^y y'' + e^y (y')^2 + 2y' + xy'' = 0 \qquad ②$$

由原方程知, 当 $x = 0$ 时, $y = 1$, 代入①得 $y'(0) = -\frac{1}{e}$.

再将 $x = 0$, $y = 1$, $y'(0) = -\frac{1}{e}$ 代入②式, 得 $y''(0) = \frac{1}{e^2}$.

习题 2.2

1. 求下列函数的导数.

(1) $y = \frac{1}{x^2} + \cos x + 5$;

(2) $y = x^2(\ln x + \sqrt{x})$;

(3) $y = x^2 \tan x + \cos x + 5\sin 3$;

(4) $y = x^2 \sec x$;

(5) $y = \frac{1}{x + \sin x}$;

(6) $y = \frac{2x}{1 - x^2}$;

(7) $y = e^x(\sin x - \cos x)$;

(8) $y = \frac{\tan x}{\ln x + 1}$;

(9) $y = \frac{1 + \cos x}{\sin x}$;

(10) $y = \frac{1 - \ln x}{1 + \ln x}$;

(11) $y = x \ln x - x$;

(12) $y = a^x e^x - \frac{\log_a x}{\ln x}$;

(13) $y = 2xe^x \cos x$;

(14) $y = \frac{(1 + x^2)\arctan x}{1 + x}$;

(15) $y = \frac{2\ln x + x^3}{3\ln x + x^2}$;

(16) $y = x^2 \cdot \ln x \cdot \sin x$.

2. 求下列函数的导数.

(1) $y = (3x^4 - 1)^7$;

(2) $y = e^{\frac{1}{x}} + x\sqrt{x}$;

(3) $y = \sqrt{\ln^2 x + 1}$;

(4) $y = x^2 \sin \frac{1}{x}$;

(5) $y = \sqrt{x + \sqrt{x + \sqrt{x}}}$;

(6) $y = \sqrt{x \cdot \sqrt{x \cdot \sqrt{x}}}$;

(7) $y = \ln \ln \ln x$;

(8) $y = 2^{\sin x} + \cos \sqrt{x}$;

(9) $y = \ln(x + \sqrt{1 + x^2})$;

(10) $y = \frac{\cot 3x}{1 - x^2}$;

(11) $y = \cos^2(\sin 3x)$; (12) $y = \arctan(\ln x)$;

(13) $y = \dfrac{x\sin 2x}{1+\tan x}$; (14) $y = e^{\arcsin x^2}$.

3. 下列方程确定了 y 是 x 的函数，求 y' .

(1) $x^3 - y^3 - x - y + xy = 2$; (2) $\cos xy = x + y$;

(3) $xe^y - ye^x = x$; (4) $\dfrac{x}{y} = \ln xy$;

(5) $y\sin x - \cos(x-y) = 0$; (6) $y = 1 - xe^{xy}$;

(7) $xy = e^{x+y}$; (8) $\dfrac{x^2}{a^2} + \dfrac{y^2}{b^2} = 1$.

4. 求下列函数的导数.

(1) $y = x^{\sqrt{x}}$; (2) $y = (\cos x)^{\tan x}$; (3) $y = \left(1+\dfrac{1}{x}\right)^x$.

5. 求下列各题中指定的各阶导数.

(1) $y = (2x-1)^5$ ，求 $y^{(5)}$ 与 $y^{(6)}$; (2) $f(x) = \ln\dfrac{1+x}{1-x}$ ，求 $f''(0)$;

(3) 已知 $f''(x) = e^{2x}\cos\dfrac{x}{2}$ ，求 $f^{(4)}(\pi)$; (4) $y = (1+x^2)\arctan x$ ，求 y''' .

6. 求下列函数的 n 阶导数.

(1) $y = xe^x$; (2) $y = \dfrac{1}{1-x}$ ，求 $f^{(n)}(0)$;

(3) $y = \cos^2 x$; (4) $y = x\ln x$;

(5) $y = a_0 x^n + a_1 x^{n-1} + \cdots + a_{n-1} x + a_n$ ($a_0 \neq 0$) .

2.3 函数的微分

在许多实际问题中，不仅需要知道由自变量变化引起函数变化的快慢程度，还需要计算当自变量在某一点取得一个微小增量时，函数取得相应增量的大小．一般说来，计算 $f(x)$ 的增量 Δy 的精确值是较烦琐的，实际中往往只需计算出它的近似值即可．微分的概念就是由此而产生的．

本节将学习微分的概念，微分的计算方法及微分的应用．

一、微分的概念

先看一个例子．如图 2.3 所示，设有一边长为 x 的正方形，当边长取增量 Δx 时，其面积 S 的增量是：

$$\Delta S = (x + \Delta x)^2 - x^2 = 2x\Delta x + (\Delta x)^2$$

图 2.3

上式中，ΔS 由两部分组成：

第一项 $2x\Delta x$ 是关于 Δx 的线性函数，即图 2.3 中带斜线的两个矩形的面积之和；第二项 $(\Delta x)^2$ 是关于 Δx 的二次函数，当 $\Delta x \to 0$ 时，$(\Delta x)^2$ 是一个比 Δx 高阶的无穷小量，即图 2.3 中带交叉斜线的小正方形的面积. 因此当 $|\Delta x|$ 很小时，$(\Delta x)^2$ 可以忽略不计，即 $\Delta S \approx 2x\Delta x$.

第一项中 Δx 的系数 $2x$ 恰好是面积 $S(x) = x^2$ 的导数，并且其结构要比 ΔS 简单得多，因此，有必要进行详细讨论.

数学上，把 ΔS 的第一项、Δx 的线性函数 $2x\Delta x$ 称为正方形面积 $S(x)$ 的微分，记为 $dS = 2x\Delta x$，即 $dS = S'(x)\Delta x$.

【定义 1】 设函数 $y = f(x)$ 在点 x 可导，则称 $f'(x)\Delta x$ 为函数 $f(x)$ 在点 x 的微分，记为 dy 或 $df(x)$，即

$$dy = f'(x)\Delta x \text{ 或 } df(x) = f'(x)\Delta x$$

显然，函数 $f(x)$ 的微分 $dy = f'(x)\Delta x$ 不仅依赖于 x，而且也依赖于 $y = f(x)$.

特别地，对于函数 $y = x$，其微分为 $dy = dx = (x)'\Delta x = \Delta x$，也就是自变量 x 的微分 dy 等于自变量 x 的改变量 Δx，即 $dx = \Delta x$，于是 $y = f(x)$ 在点 x 的微分 dx 可写成 $dy = f'(x)dx$.

前面将 $\dfrac{dy}{dx}$ 看作一个记号，表示函数 $y = f(x)$ 的导数. 有了微分的概念，就可以把它看作一个比值. 因此，函数 $y = f(x)$ 的导数就是函数的微分与自变量的微分的商，所以有时也把导数称为微商.

应该注意，微分与导数有密切的联系，**可导 ⇔ 可微**. 但是，二者又有区别：函数 $f(x)$ 在点 x_0 的导数 $f'(x_0)$ 是一个定数，而 $f(x)$ 在点 x_0 的微分 $dy = f'(x_0)\Delta x = f'(x_0)(x - x_0)$ 是 x 的线性函数，且当 $x \to x_0$ 时，dy 是无穷小.

二、微分的计算

1. 基本微分公式

由关系式 $dy = f'(x)dx$ 可知，只要知道函数的导数，就能立刻写出它的微分. 因此，由基本导数公式即可得出相应的基本微分公式：

(1) $d(c) = 0$

(2) $d(x^\alpha) = \alpha x^{\alpha-1}dx$

(3) $d(a^x) = a^x \ln a\, dx$；$d(e^x) = e^x dx$

(4) $d(\log_a x) = \dfrac{1}{x \ln a}dx$；$d(\ln x) = \dfrac{1}{x}dx$

(5) $d(\sin x) = \cos x\, dx$

(6) $d(\cos x) = -\sin x\, dx$

（7） $d(\tan x) = \sec^2 x dx$

（8） $d(\cot x) = -\csc^2 x dx$

（9） $d(\sec x) = \sec x \tan x dx$

（10） $d(\csc x) = -\csc x \cot x dx$

（11） $d(\arcsin x) = \dfrac{1}{\sqrt{1-x^2}} dx$

（12） $d(\arccos x) = -\dfrac{1}{\sqrt{1-x^2}} dx$

（13） $d(\arctan x) = \dfrac{1}{1+x^2} dx$

（14） $d(\operatorname{arccot} x) = -\dfrac{1}{1+x^2} dx$

2. 微分运算法则

（1） $d(u \pm v) = du \pm dv$

（2） $d(uv) = u dv + v du$

$d(cu) = c du$

（3） $d\left(\dfrac{u}{v}\right) = \dfrac{v du - u dv}{v^2} \ (v \neq 0)$

3. 微分形式不变性

对于函数 $y = f(u)$，当 u 为自变量时，按照定义，其微分形式为

$$dy = f'(u)du$$

函数 $y = f[\phi(x)]$ 是由函数 $y = f(u)$ 和 $u = \phi(x)$ 复合而成，u 为中间变量. 由微分定义及复合函数求导法则，有

$$dy = f'[\phi(x)]dx = f'(u)\phi'(x)dx$$

其中 $\phi'(x)dx = du$，所以，上式仍可写成 $dy = f'(u)du$.

由此可见，不论 u 是自变量还是中间变量，函数 $y = f(u)$ 的微分总是同一个形式 $dy = f'(u)du$，此性质称为微分形式的不变性.

【例 2.22】 求函数 $y = \ln \sin 2x$ 的微分.

【解】 因为

$$y' = (\ln \sin 2x)' = \dfrac{1}{\sin 2x}(\sin 2x)'$$
$$= \dfrac{2\cos 2x}{\sin 2x} = 2\cot 2x$$

所以

$$dy = 2\cot 2x dx$$

也可以利用微分形式的不变性来求：
$$dy = \frac{1}{\sin 2x} d(\sin 2x)$$
$$= \frac{1}{\sin 2x} \cos 2x d(2x)$$
$$= 2\cot 2x dx$$

由以上例题可见，求导数与求微分在方法上没有什么本质的区别，故统称为微分法．

【例 2.23】 在下列等式左端的括号中填入适当的函数，使等式成立．

（1）d(　　) = xdx；　　　　（2）d(　　) = $\cos\omega t dt$．

【解】（1）因为
$$d(x^2) = 2xdx$$

所以
$$xdx = \frac{1}{2}d(x^2) = d\left(\frac{x^2}{2}\right)$$

即
$$d\left(\frac{x^2}{2}\right) = xdx$$

一般地，有 $d\left(\dfrac{x^2}{2} + C\right) = xdx$（$C$ 为任意的常数）．

（2）因为
$$d(\sin\omega t) = \omega\cos\omega t dt$$

所以
$$\cos\omega t dt = \frac{1}{\omega}d(\sin\omega t) = d\left(\frac{1}{\omega}\sin\omega t\right)$$

即
$$d\left(\frac{1}{\omega}\sin\omega t\right) = \cos\omega t dt$$

一般地，有 $d\left(\dfrac{1}{\omega}\sin\omega t + C\right) = \cos\omega t dt$（$C$ 为任意的常数）．

三、微分的应用

若函数 $y = f(x)$ 在点 x_0 处的导数 $f'(x_0)$ 存在，则当 $|\Delta x|$ 很小时，由微分的定义得
$$\Delta y\big|_{(x_0,\Delta x)} \approx dy\big|_{(x_0,\Delta x)} = f'(x_0)\Delta x \qquad ①$$

因为 $\Delta y = f(x_0 + \Delta x) - f(x_0)$，所以有 $f(x_0 + \Delta x) - f(x_0) \approx f'(x_0)\Delta x$，于是
$$f(x_0 + \Delta x) \approx f(x_0) + f'(x_0)\Delta x \qquad ②$$

若令 $x = x_0 + \Delta x$，则有

$$f(x) \approx f(x_0) + f'(x_0)(x - x_0) \qquad ③$$

以上这三个公式是我们常用的三个近似计算公式.

【例 2.24】 一个内径为 10 cm 的球,球壳厚度为 $\dfrac{1}{16}$ cm,试求球壳体积的近似值.

【解】 半径为 r 的球的体积为

$$V = f(r) = \dfrac{4}{3}\pi r^3$$

球壳的体积为

$$\Delta V = f(r_0 + \Delta r) - f(r_0)$$

其中,$r_0 = 5$,$\Delta r = \dfrac{1}{16}$.

由近似公式①可知,

$$\Delta V \big|_{(r_0, \Delta r)} \approx \mathrm{d}V \big|_{(r_0, \Delta r)} = f'(r_0)\Delta r$$

因为

$$V' = f'(r) = (\dfrac{4}{3}\pi r^3)' = 4\pi r^2$$

所以

$$\Delta V \approx f'(5) \cdot \dfrac{1}{16} = 4\pi \cdot 5^2 \cdot \dfrac{1}{16} = 19.63$$

【例 2.25】 求 $\sqrt{0.97}$ 的近似值.

【解】 设 $f(x) = \sqrt{x}$,取 $x_0 = 1$,$\Delta x = -0.03$,则 $\sqrt{0.97} = f(0.97) = f(1 - 0.03)$,由近似公式②及 $f'(x) = \dfrac{1}{2\sqrt{x}}$,得

$$\sqrt{0.97} = f(0.97) \approx f(1) + f'(1) \times (-0.03)$$

$$= \sqrt[3]{1} + \dfrac{1}{2\sqrt{1}} \times (-0.03) = 1 - 0.015 = 0.985$$

近似公式③的意义在于,我们用一个关于 x 的线性函数 $f(x_0) + f'(x_0)(x - x_0)$ 来近似地代替了一个结构复杂的非线性函数 $f(x)$,这种关系在图形中体现得更清楚一些. 如图 2.4 所示,曲线上两点 $P_0(x_0, y_0)$ 和 $P(x_0 + \Delta x, y_0 + \Delta y)$,$|P_0M| = \Delta x$,$|PM| = \Delta y$,$P_0N$ 是曲线在点 P_0 处的切线,则

$$|NM| = |P_0M|\tan\alpha = f'(x_0)\Delta x = \mathrm{d}y$$

图 2.4

可见,函数 $y = f(x)$ 在点 x_0 处的微分就是曲线在点 $P_0(x_0, y_0)$ 处切线 P_0N 的纵坐标的改变量.

这也正是**微分的几何意义**. 即当 Δx 很小时,在切点附近可以用切线(直线)来代替曲线.

当 $x_0 = 0$,$|x|$ 很小时,应用公式③可得:

(1) $(1 + x)^{\alpha} \approx 1 + \alpha x$;　　　　(2) $e^x \approx 1 + x$;

(3) $\ln(1+x) \approx x$;　　　(4) $\sin x \approx x$;

(5) $\tan x \approx x$;　　　(6) $\sqrt[n]{1 \pm x} \approx 1 \pm \frac{1}{n}x$.

习题 2.3

1. 将适当的函数填入括号内，使等式成立.

(1) d(　　) $= 4x\,dx$;　　(2) d(　　) $= \sin x\,dx$;　　(3) d(　　) $= \frac{1}{1+x^2}dx$;

(4) d(　　) $= \frac{1}{\sqrt{1-x^2}}dx$;　　(5) d(　　) $= \frac{1}{\sqrt{x}}dx$;　　(6) d(　　) $= -\frac{1}{x^2}dx$;

(7) d(　　) $= e^{2x}dx$;　　(8) d(　　) $= \frac{1}{x}dx$.

2. 求下列函数的微分.

(1) $y = \frac{2}{x} + \sqrt{x}$;　　(2) $y = x\cos 3x$;　　(3) $y = \ln \sin 3x$;　　(4) $y = x^2 e^x$.

3. 求下列各数的近似值.

(1) $\sqrt[4]{1.03}$;　　(2) $\ln 0.98$;　　(3) $\arctan 1.05$.

4. 水管壁的横截面是一个圆环，设它的内径为 R_0，壁厚为 h，试用微分来计算这个圆环的面积的近似值.

综合练习 2

1. 设 $f(x) = \begin{cases} x^2 \cos \frac{1}{x} & 0 < x < 2 \\ x^3 & x \leq 0 \end{cases}$，试讨论 $f(x)$ 在 $x = 0$ 及 $x = 1$ 的连续性与可导性.

2. 试求曲线 $x^2 + 4y^2 = 9$ 在点 $(1, \sqrt{2})$ 处的切线方程与法线方程.

3. 求下列函数的导数.

(1) $y = x\left(x^2 + \frac{1}{x} + \frac{1}{x^2}\right)$;　　(2) $y = \ln x^3 + e^{3x}$;

(3) $y = \ln \cos \frac{1}{x}$;　　(4) $y = \sqrt{e^x \sqrt{e^x}}$;

(5) $y = \sqrt{e^x + \sqrt{e^x}}$;　　(6) $y = \sqrt[3]{\frac{x+2}{x^2+1}}$;

(7) $y = \ln\left(\arccos \frac{1}{\sqrt{x}}\right)$;　　(8) $y = \ln(e^x + \sqrt{1+e^{2x}})$.

4. 下列方程确定了 y 是 x 的函数，试求 y'.

(1) $x^3 = y^4 + \sin y + 1$;　　(2) $x^2 = \frac{y^2}{y^2 - 1}$;

(3) $\ln \sqrt{x^2 + y^2} = \arctan \frac{y}{x}$;　　(4) $y = xe^y + 1$.

5. 求下列各题中指定的导数.

(1) $y=(x^3+1)^2$,求 y''; (2) 设 $y=\dfrac{x^2}{1-x}$,求 $y^{(n)}$.

6. 求下列函数的微分.

(1) $y=(x^2+4x)\sqrt{x^2-\sqrt{x}}$; (2) $y=\ln^2 x+x$;

(3) $y=\arcsin(2x^2-1)$; (4) $y=e^{-x}\sin(2-x)$.

*7. 利用微分进行近似计算.

(1) $\sin 30.5°$; (2) $e^{1.01}$.

第 3 章 导数的应用

学习目标
1. 掌握拉格朗日定理的条件、结论及推论；
2. 能求函数的驻点、极值点、拐点、最值、渐近线，能判断函数的单调性、凹凸性；
3. 能运用洛必达法则求函数的极限.

3.1 微分中值定理

微分中值定理是微分学理论的重要组成部分，也是导数应用的"桥梁"，因而是微分学的重点之一. 我们从几何直观入手，恰当地引出定理，进而揭示各定理之间的联系.

设 $\overparen{AB}$ 是 xy 平面上的任意一段"光滑"曲线（即可导），连接端点 A、B 的直线段称为弦，于是不难发现：曲线 $\overparen{AB}$ 中间总存在这样的点 P，过 P 点的**切线与弦 AB 平行**（见图 3.1）.

图 3.1

这是一个简单、明显的几何事实. 如何解析它呢？适当地建立直角坐标系，假设曲线 $\overparen{AB}$ 可以用函数 $y = f(x)$ 表示，$x \in [a,b]$. 于是，弦 AB 的斜率为

$$k_{AB} = \tan\varphi = \frac{f(b)-f(a)}{b-a}$$

因为点 P 在 $\overparen{AB}$ 中间，故可设 P 的横坐标 $x = \xi$ $(a < \xi < b)$，如图 3.2 所示，因此过 P 点的切线斜率为 $f'(\xi)$. 这样，上述的几何事实可表示为

$$\frac{f(b)-f(a)}{b-a} = f'(\xi) \qquad (a < \xi < b)$$

图 3.2

关于曲线 $\overparen{AB}$ 本身，应假定它是连续的，并且除端点 A、B 外处处存在切线（即所谓的"光滑"曲线），因为不然的话，上述几何事实可能不成立。这个假定的解析说法就是 $y = f(x)$ 在闭区间 $[a,b]$ 上连续，在开区间 (a,b) 内可导.

综上所述，得到以下的**拉格朗日（Lagrange）中值定理**.

【定理1】 设函数 $f(x)$ 满足：

（1）在闭区间 $[a,b]$ 上连续；

（2）在开区间 (a,b) 内可导，

则至少存在一点 $\xi \in (a,b)$，使得 $f'(\xi) = \dfrac{f(b)-f(a)}{b-a}$。

就是说在 (a,b) 内至少存在一点 ξ，使曲线上点 $P(\xi,f(\xi))$ 处的切线与弦 AB 平行，如图 3.2 所示。

如果在建立直角坐标系时，使 x 轴平行于弦 AB，这样便有 $f(a) = f(b)$，而结论为 $f'(\xi) = 0$ $(a < \xi < b)$。这就得到了上面拉格朗日中值定理的特殊情形，即**罗尔（Rolle）定理**。

【定理2】 设函数 $f(x)$ 满足：

（1）在闭区间 $[a,b]$ 上连续；

（2）在开区间 (a,b) 内可导；

（3）在区间的端点上函数值相等，即 $f(a) = f(b)$，

则在区间 (a,b) 内至少存在一点 ξ，使得

$$f'(\xi) = 0$$

罗尔定理的几何意义如图 3.3 所示。它表明这样一个几何事实：如果在 $[a,b]$ 上连续的曲线 $y = f(x)$ 在两个端点处的纵坐标相等，且在 (a,b) 内处处有不垂直于 x 轴的切线，则在 (a,b) 内 $y = f(x)$ 必有平行于 x 轴的切线。

对于不间断的曲线 $f(x)$ 来说，至少存在一点 C，使得其切线平行于 x 轴。

图 3.3

【例 3.1】 验证函数 $f(x) = \arctan x$ 在区间 $[0,1]$ 上满足拉格朗日定理，并求出满足条件之 ξ。

【解】 $f(x) = \arctan x$ 是初等函数，它在 $[0,1]$ 上有定义，所以它在 $[0,1]$ 上连续。而 $f'(x) = \dfrac{1}{1+x^2}$，显然在 $(0,1)$ 内有定义，所以 $f(x) = \arctan x$ 在 $(0,1)$ 内可导，即 $f(x) = \arctan x$ 在区间 $[0,1]$ 上满足拉格朗日定理条件。

令 $$f'(x) = \frac{1}{1+x^2} = \frac{\arctan 1 - \arctan 0}{1 - 0}$$

解得 $x = \pm\sqrt{\frac{4}{\pi} - 1}$ （负值舍去），从而 $x = \sqrt{\frac{4}{\pi} - 1} \in (0, 1)$ 即为所求的 ξ.

中值定理的应用很广泛，在本章和以后的章节都会进一步地介绍. 现在通过一些例子来说明中值定理的初步应用.

【例 3.2】 证明：如果在开区间 (a, b) 内，恒有 $f'(x) = 0$，则 $f(x)$ 在 (a, b) 内恒为常数.

【证明】 设 x_1, x_2 是 (a, b) 内任意两点，不妨设 $x_1 < x_2$，在 $[x_1, x_2]$ 上应用拉格朗日中值定理（$f(x)$ 在 $[x_1, x_2]$ 上的连续性以及在 (x_1, x_2) 内的可导性是显然的），即必有 $\xi \in (x_1, x_2)$，使得

$$f(x_2) - f(x_1) = f'(\xi)(x_2 - x_1)$$

而 $f'(\xi) = 0$，所以 $f(x_2) = f(x_1)$. 由于这个等式对 (a, b) 内的任意 x_1, x_2 都成立，所以 $f(x)$ 在 (a, b) 内恒为常数.

我们还可以证明，如果函数 $f(x)$ 与 $g(x)$ 在 (a, b) 内有 $f'(x) = g'(x)$，则函数 $f(x)$ 与 $g(x)$ 在 (a, b) 内最多相差一个常数，即 $f(x) = g(x) + C$（C 为任意常数）.

【例 3.3】 证明恒等式 $\arcsin x + \arccos x = \frac{\pi}{2}$，$x \in [-1, 1]$.

【证明】 设 $f(x) = \arcsin x + \arccos x$，$x \in [-1, 1]$，则

$$f'(x) = \frac{1}{\sqrt{1-x^2}} - \frac{1}{\sqrt{1-x^2}} = 0, \quad x \in (-1, 1)$$

由上例可知 $f(x)$ 在 $[-1, 1]$ 上恒为常数. 设 $f(x) = \arcsin x + \arccos x = C$，该式对任意的 $x \in [-1, 1]$ 都成立. 不妨令 $x = 1$，得

$$\arcsin 1 + \arccos 1 = C$$

所以 $C = \frac{\pi}{2}$，即

$$\arcsin x + \arccos x = \frac{\pi}{2}$$

【例 3.4】 证明方程 $5x^4 - 4x + 1 = 0$ 在 0 与 1 之间至少有一个实根.

【证明】 不难发现方程左端 $5x^4 - 4x + 1$ 是一个函数，而函数 $f(x) = x^5 - 2x^2 + x$ 的导数 $f'(x) = 5x^4 - 4x + 1$.

函数 $f(x) = x^5 - 2x^2 + x$ 在 $[0, 1]$ 上连续，在 $(0, 1)$ 内可导，且 $f(0) = f(1) = 0$，由罗尔定理可知，在 0 与 1 之间至少有一点 ξ，使 $f'(\xi) = 0$，即 $5\xi^4 - 4\xi + 1 = 0$. 也就是，方程 $5x^4 - 4x + 1 = 0$ 在 0 与 1 之间至少有一个实根.

*柯西（Cauchy）中值定理

如果函数 $f(x)$ 与 $g(x)$ 满足下列两个条件：

① 在闭区间 $[a, b]$ 上连续；

② 在开区间 (a,b) 内可导，且 $g'(x) \neq 0, x \in (a,b)$，则在 (a,b) 内至少存在一点 ξ，使得

$$\frac{f(b)-f(a)}{g(b)-g(a)} = \frac{f'(\xi)}{g'(\xi)}$$

习题 3.1

1. 下列函数在给定的区间上是否满足罗尔定理条件，如果满足，求出定理中相应的 ξ 值.

(1) $f(x) = \ln \sin x, x \in [\frac{\pi}{6}, \frac{5\pi}{6}]$； (2) $f(x) = \frac{3}{x^2+1}, x \in [-1,1]$.

2. 下列函数在给定的区间上是否满足拉格朗日定理条件，如果满足，求出定理中相应的 ξ 值.

(1) $f(x) = \sqrt{x}, x \in [1,4]$； (2) $f(x) = \ln x, x \in [1,2]$.

3.2 洛必达法则

在极限的计算当中，会经常遇到两个无穷小量之比（$\frac{0}{0}$ 型）或无穷大量之比（$\frac{\infty}{\infty}$ 型）的极限问题. 这类极限可能存在，也可能不存在，通常称为**未定式**. 洛必达（L' Hospital）法则为我们提供了一种简单可行且具有一般性的求未定式极限的方法.

一、洛必达法则

【**定理 1**】（**洛必达法则**）设函数 $f(x)$，$g(x)$ 满足条件：

(1) $f(x)$，$g(x)$ 在点 x_0 的某空心邻域内可导，且 $g'(x) \neq 0$；

(2) $\lim\limits_{x \to x_0} f(x) = \lim\limits_{x \to x_0} g(x) = 0$；

(3) $\lim\limits_{x \to x_0} \frac{f'(x)}{g'(x)} = A$（或 ∞），其中 A 为常数，

则有

$$\lim_{x \to x_0} \frac{f(x)}{g(x)} = \lim_{x \to x_0} \frac{f'(x)}{g'(x)} = A \quad （或 \infty）$$

注 1. 定理中的 $x \to x_0$ 换为 $x \to \infty$，$x \to x_0^+$，$x \to x_0^-$，$x \to -\infty$，$x \to +\infty$ 等，定理仍然成立；

2. 对于 $\frac{\infty}{\infty}$ 型的未定式，也有相应的洛必达法则；

3. 如果 $\lim \frac{f'(x)}{g'(x)}$ 仍然是 $\frac{0}{0}$ 型或 $\frac{\infty}{\infty}$ 型未定式时，可继续运用洛必达法则.

二、洛必达法则的应用

1. 求 $\dfrac{0}{0}$ 型或 $\dfrac{\infty}{\infty}$ 型未定式的极限

【例 3.5】 求下列极限.

(1) $\lim\limits_{x\to 0}\dfrac{1-\cos x}{x^2}$； (2) $\lim\limits_{x\to 0}\dfrac{\ln(1+x)}{x^2}$.

【解】 (1) 这是 $\dfrac{0}{0}$ 型未定式，由洛必达法则，有

$$\lim_{x\to 0}\frac{1-\cos x}{x^2}=\lim_{x\to 0}\frac{\sin x}{2x}$$
$$=\frac{1}{2}\lim_{x\to 0}\frac{\sin x}{x}=\frac{1}{2}$$

(2) 这是 $\dfrac{0}{0}$ 型未定式，由洛必达法则，有

$$\lim_{x\to 0}\frac{\ln(1+x)}{x^2}=\lim_{x\to 0}\frac{\dfrac{1}{1+x}}{2x}$$
$$=\infty$$

【例 3.6】 求下列极限.

(1) $\lim\limits_{x\to 0^+}\dfrac{\ln x}{\ln\sin x}$； (2) $\lim\limits_{x\to +\infty}\dfrac{e^x}{x}$.

【解】 (1) 这是 $\dfrac{\infty}{\infty}$ 型未定式，由洛必达法则，有

$$\lim_{x\to 0^+}\frac{\ln x}{\ln\sin x}=\lim_{x\to 0^+}\frac{\dfrac{1}{x}}{\dfrac{\cos x}{\sin x}}$$
$$=\lim_{x\to 0^+}\frac{\sin x}{x}\cdot\frac{1}{\cos x}=1$$

(2) 这是 $\dfrac{\infty}{\infty}$ 型未定式，由洛必达法则，有

$$\lim_{x\to +\infty}\frac{e^x}{x}=\lim_{x\to +\infty}\frac{(e^x)'}{(x)'}$$
$$=\lim_{x\to +\infty}e^x=+\infty$$

【例 3.7】 求 $\lim\limits_{x\to 0}\dfrac{x-\sin x}{x^3}$.

【解】 这是 $\dfrac{0}{0}$ 型的未定式，由洛必达法则，有

$$\lim_{x\to 0}\frac{x-\sin x}{x^3}=\lim_{x\to 0}\frac{(x-\sin x)'}{(x^3)'}$$

$$= \lim_{x \to 0} \frac{1-\cos x}{3x^2} \quad (\text{还是} \frac{0}{0} \text{型})$$

$$= \lim_{x \to 0} \frac{(1-\cos x)'}{(3x^2)'}$$

$$= \lim_{x \to 0} \frac{\sin x}{6x} = \frac{1}{6}$$

运用洛必达法则求解极限问题时，需注意洛必达法则只是极限存在的充分条件，非必要条件，当 $\lim \frac{f'(x)}{g'(x)}$ 不存在时，不能得出 $\lim \frac{f(x)}{g(x)}$ 也不存在的结论；有的极限问题，虽属未定式，但用洛必达法则可能无法解出，可以选择其他方法.

【例 3.8】 求 $\lim\limits_{x \to \infty} \frac{x-\sin x}{x+\sin x}$.

【解】 这是 $\frac{\infty}{\infty}$ 型未定式，由洛必达法则，有

$$\lim_{x \to \infty} \frac{x-\sin x}{x+\sin x} = \lim_{x \to \infty} \frac{1-\cos x}{1+\cos x}$$

此极限不存在.

但事实上，$\lim\limits_{x \to \infty} \frac{x-\sin x}{x+\sin x} = \lim\limits_{x \to \infty} \frac{1-\frac{\sin x}{x}}{1+\frac{\sin x}{x}} = 1$.

【例 3.9】 求 $\lim\limits_{x \to +\infty} \frac{e^x + e^{-x}}{e^x - e^{-x}}$.

【解】 运用洛必达法则，有

$$\lim_{x \to +\infty} \frac{e^x + e^{-x}}{e^x - e^{-x}} = \lim_{x \to +\infty} \frac{e^x - e^{-x}}{e^x + e^{-x}}$$

$$= \lim_{x \to +\infty} \frac{e^x + e^{-x}}{e^x - e^{-x}}$$

继续求解下去，势必陷入无限的循环，这是一个满足洛必达法则的三个条件，但无法直接利用洛必达法则计算的例子.

这个极限可求解如下：

$$\lim_{x \to +\infty} \frac{e^x + e^{-x}}{e^x - e^{-x}} = \lim_{x \to +\infty} \frac{1+e^{-2x}}{1-e^{-2x}} = 1$$

【例 3.10】 求 $\lim\limits_{x \to +\infty} \frac{\sqrt{1+x^2}}{x}$.

【解】 这是 $\frac{\infty}{\infty}$ 型的未定式，所以

$$\lim_{x \to +\infty} \frac{\sqrt{1+x^2}}{x} = \lim_{x \to +\infty} \frac{1}{\frac{x}{\sqrt{1+x^2}}}$$

$$= \lim_{x \to +\infty} \frac{\sqrt{1+x^2}}{x}$$

经过运用洛必达法则，又回到了原来的形式，这说明洛必达法则失效. 其实此极限容易求得

$$\lim_{x \to +\infty} \frac{\sqrt{1+x^2}}{x} = \lim_{x \to +\infty} \sqrt{\frac{1}{x^2}+1} = 1$$

2. 求其他类型的未定式极限

$0 \cdot \infty, \infty - \infty, 0^0, 1^\infty, \infty^0$ 等未定式，总可以通过适当变换将它们化为 $\frac{0}{0}$ 型或 $\frac{\infty}{\infty}$ 型的未定式，然后应用洛必达法则.

【例 3.11】 求 $\lim\limits_{x \to 0^+} x \ln x$.

【解】 这是"$0 \cdot \infty$"型的未定式，可先将其变为分式形式，然后求解.

$$\lim_{x \to 0^+} x \ln x = \lim_{x \to 0^+} \frac{\ln x}{\frac{1}{x}}$$

$$= \lim_{x \to 0^+} \frac{\frac{1}{x}}{-\frac{1}{x^2}} = \lim_{x \to 0^+} (-x) = 0$$

【例 3.12】 求 $\lim\limits_{x \to 1} \left(\frac{1}{x-1} - \frac{1}{\ln x} \right)$.

【解】 这是"$\infty - \infty$"型的未定式，可先将其变为分式形式，然后求解.

$$\lim_{x \to 1} \left(\frac{1}{x-1} - \frac{1}{\ln x} \right) = \lim_{x \to 1} \frac{\ln x - x + 1}{(x-1)\ln x}$$

$$= \lim_{x \to 1} \frac{\frac{1}{x} - 1}{\ln x + 1 - \frac{1}{x}}$$

$$= \lim_{x \to 1} \frac{-\frac{1}{x^2}}{\frac{1}{x} + \frac{1}{x^2}} = -\frac{1}{2}$$

【例 3.13】 求 $\lim\limits_{x \to +\infty} \left(1 + \frac{1}{x} \right)^{\ln x}$.

【解】 这是 1^∞ 型未定式，令 $y = \left(1 + \frac{1}{x} \right)^{\ln x}$，两边取对数得 $\ln y = \ln x \cdot \ln \left(1 + \frac{1}{x} \right)$，再取极限得

$$\lim_{x \to +\infty} \ln y = \lim_{x \to +\infty} \ln x \cdot \ln \left(1 + \frac{1}{x} \right) = \lim_{x \to +\infty} \frac{\ln \left(1 + \frac{1}{x} \right)}{\frac{1}{\ln x}}$$

$$= \lim_{x \to +\infty} \frac{\dfrac{1}{1+\dfrac{1}{x}} \cdot \left(-\dfrac{1}{x^2}\right)}{-\dfrac{1}{x\ln^2 x}}$$

$$= \lim_{x \to +\infty} \frac{\ln^2 x}{x+1}$$

所以

$$\lim_{x \to +\infty} \left(1+\frac{1}{x}\right)^{\ln x} = e^{\lim\limits_{x\to +\infty} \ln x \cdot \ln\left(1+\frac{1}{x}\right)}$$

$$= e^0 = 1$$

*【例 3.14】 求 $\lim\limits_{x \to 0^+} x^{\sin x}$.

【解】 这是 0^0 型未定式，令 $y = x^{\sin x}$，$\lim\limits_{x\to 0^+}\ln y = \lim\limits_{x\to 0^+} \sin x \ln x = \lim\limits_{x\to 0^+} \dfrac{\ln x}{\dfrac{1}{\sin x}}$

$$= \lim_{x\to 0^+} \frac{\dfrac{1}{x}}{-\dfrac{\cos x}{\sin^2 x}} = -\lim_{x\to 0^+} \frac{\sin^2 x}{x \cos x} = 0$$

所以

$$\lim_{x\to 0^+} x^{\sin x} = e^{\lim\limits_{x \to 0^+} \sin x \ln x}$$

$$= e^0 = 1$$

习题 3.2

求下列极限.

(1) $\lim\limits_{x\to a} \dfrac{x^m - a^m}{x^n - a^n}$ ($a \neq 0, m,n$ 为常数);

(2) $\lim\limits_{x\to 0} \dfrac{e^x - e^{-x}}{\sin x}$;

(3) $\lim\limits_{x\to 0} \dfrac{1-\cos x^2}{x^2 \sin x^2}$;

(4) $\lim\limits_{x\to 0} \dfrac{\tan x - x}{x - \sin x}$;

(5) $\lim\limits_{x\to 1} \left(\dfrac{x}{x-1} - \dfrac{1}{\ln x}\right)$;

(6) $\lim\limits_{x\to 0} \left(\dfrac{1}{x} - \dfrac{1}{e^x - 1}\right)$;

(7) $\lim\limits_{x\to +\infty} \dfrac{x^n}{e^{\lambda x}}$ ($\lambda > 0, n$ 为正整数);

(8) $\lim\limits_{x\to +\infty} \dfrac{(\ln x)^2}{x}$;

(9) $\lim\limits_{x\to 0} \dfrac{e^{x^3} - 1 - x^3}{\sin^6 2x}$;

(10) $\lim\limits_{x\to 0} \dfrac{x(e^x - 1)}{1 - \cos x}$;

(11) $\lim\limits_{t\to +\infty} \left(\cos \dfrac{1}{t}\right)^t$;

(12) $\lim\limits_{x\to 0} (1 + \sin x)^{\frac{1}{x}}$.

3.3 导数在几何上的应用

本节将利用导数这一工具，讨论函数有关的几何性质，从而了解该函数所表达的曲线的若干几何特性，如函数的单调性、最值，以及函数图像在某一部分的变化特征等.

一、函数的单调性

我们已经学过了函数单调性的概念及判别法，导数符号与函数的单调性有如下关系.

【定理 1】 设函数 $f(x)$ 在区间 (a,b) 内可导，则

（1）若在 (a,b) 内 $f'(x)>0$，则 $f(x)$ 在区间 (a,b) 内是单调增加的；

（2）若在 (a,b) 内 $f'(x)<0$，则 $f(x)$ 在区间 (a,b) 内是单调减少的.

定理中的区间 (a,b)，换成其他各种区间（包括无穷区间），定理的结论也是成立的.

【例 3.15】 考察函数 $f(x)=2x^3+9x^2+12x$ 的单调性.

【解】 为了考察该函数的单调性，先来求该函数的导数

$$f'(x) = 6x^2+18x+12$$
$$= 6(x^2+3x+2)$$
$$= 6(x+1)(x+2)$$

显然，当 $x>-1$ 时，$f'(x)>0$，即 $[-1,+\infty)$ 为 $f(x)$ 的单调增区间；

当 $-2<x<-1$ 时，$f'(x)<0$，即 $[-2,-1]$ 为 $f(x)$ 的单调减区间；

当 $x<-2$ 时，$f'(x)>0$，即 $(-\infty,-2]$ 为 $f(x)$ 的单调增区间.

在上例的求解过程中，可以看到，$x=-1$ 和 $x=-2$ 是两个很重要的点，它们把区间 $(-\infty,+\infty)$ 分成了三个单调区间，并且在 $x=-1$ 和 $x=-2$ 处均有 $f'(x)=0$.

一般地，使得函数 $f(x)$ 的导数 $f'(x)=0$ 的点，称为该函数的**驻点**.

在多数情况下，函数在单调增区间内导数大于零，在单调减区间内导数小于零，而在驻点处导数等于零. 因而，单调增和单调减区间通常以驻点为分界点，但实际上情形并非总是如此.

【例 3.16】 考察 $f(x)=x^3$ 的单调性.

【解】 由于 $f'(x)=3x^2$，当 $x=0$ 时，$f'(x)=0$，即 $x=0$ 为 $f(x)$ 的驻点，但对于任何 $x\neq 0$ 的点，均有 $f'(x)>0$，即 $f(x)$ 在 $(-\infty,+\infty)$ 上单调增（见图 3.4）.

虽然 $x=0$ 是函数 $f(x)=x^3$ 的驻点，但由于其左右两侧均为单增区间，因此 $x=0$ 并没有成为增减区间的分界点.

若在 (a,b) 内 $f'(x)\geqslant 0$（或 $f'(x)\leqslant 0$），等号只在个别点处成立，则函数 $y=f(x)$ 仍然在区间 (a,b) 内单调递增（单调递减）.

【例3.17】 考察函数 $f(x) = x^{\frac{2}{3}}$ 的单调性.

【解】 由于 $f'(x) = \frac{2}{3}x^{-\frac{1}{3}} = \frac{2}{3} \times \frac{1}{\sqrt[3]{x}}$，因此，当 $x > 0$ 时，$f'(x) > 0$，函数单调增，当 $x < 0$ 时，$f'(x) < 0$，函数单调减.

在上例中，$x = 0$ 为函数 $f(x) = x^{\frac{2}{3}}$ 单调区间的分界点.但在 $x = 0$ 处，$f'(x)$ 无意义，因而 $x = 0$ 是一个非驻点的分界点（见图3.5）.

图 3.4　　　　　　　　　　图 3.5

我们可按以下步骤来确定函数 $f(x)$ 的单调性：
① 求函数 $f(x)$ 的定义域；
② 求 $f'(x)$（将其化为最简形式）；
③ 求出 $f'(x) = 0$ 的点（驻点）和 $f'(x)$ 不存在的点（不可导点），由这些点将定义域分为若干子区间；
④ 列表考察 $f'(x)$ 在各子区间的符号，以此确定函数 $f(x)$ 的单调性.

【例3.18】 判定函数 $y = (x-5) \cdot x^{\frac{2}{3}}$ 的单调性.

【解】 函数 $y = (x-5) \cdot x^{\frac{2}{3}}$ 的定义区间为 $(-\infty, +\infty)$；

$$y' = x^{\frac{2}{3}} + \frac{2}{3}x^{-\frac{1}{3}} \cdot (x-5) = \frac{5x-10}{3 \cdot \sqrt[3]{x}}$$

令 $y' = 0$ 得 $x = 2$；当 $x = 0$ 时 y' 不存在；

$x = 0$ 和 $x = 2$ 将定义区间分为三个区间 $(-\infty, 0)$，$(0, 2)$ 和 $(2, +\infty)$.

列表确定函数的单调性，见表3.1.

表 3.1

x	$(-\infty, 0)$	0	$(0, 2)$	2	$(2, +\infty)$
y'	+	不存在	−	0	+
y	↗		↘		↗

所以，函数$f(x)$在$(-\infty,0)\cup(2,+\infty)$内是单调递增的；在$(0,2)$内是单调递减的.

二、函数的极值

1. 极值的概念

函数的极值也是我们已接触过的问题，定义如下.

【**定义1**】 设函数$y=f(x)$在点x_0的某个邻域内有定义，若对该邻域中异于x_0的x，恒有$f(x_0)<f(x)$（或$f(x_0)>f(x)$），则称$f(x_0)$是函数$f(x)$的一个极小值（或极大值），点x_0称为函数$f(x)$的极小值点（或极大值点）.

极大值和极小值统称为极值，极大值点和极小值点统称为极值点.

在图 3.6 所示的函数中，$f(x_1)$和$f(x_4)$是极大值；$f(x_2)$和$f(x_5)$是极小值；$f(x_3)$不是极值.

图 3.6

显然，函数极值是一个局部性的概念，它只是与极值点邻近所有点的函数值比较而言，并不意味着它是整个定义区间内的最大值和最小值；极值只能在区间的内部取得，不能在区间的端点处取得.

2. 极值的求法

根据极值点的定义，可以给出极值的第一种判别方法.

【**定理2**】（**极值判别法Ⅰ**）设x_0是函数$f(x)$的驻点或不可导点，

（1）若当$x<x_0$时$f'(x)>0$，当$x>x_0$时$f'(x)<0$，则$f(x_0)$为函数$f(x)$的极大值；

（2）若当$x<x_0$时$f'(x)<0$，当$x>x_0$时$f'(x)>0$，则$f(x_0)$为函数$f(x)$的极小值；

（3）若当$x<x_0$和$x>x_0$时$f'(x)$不变号，则$f(x_0)$不是函数$f(x)$的极值.

【**例3.19**】 求函数$f(x)=x^3-3x^2+7$的极值.

【**解**】 函数定义区间为$(-\infty,+\infty)$

$$f'(x)=3x^2-6x=3x(x-2)$$

令$y'=0$，得$x_1=0$，$x_2=2$

$x_1=0$和$x_2=2$将定义区间分为三个子区间$(-\infty,0)$，$(0,2)$，$(2,+\infty)$.

列表确定函数的单调性，见表 3.2.

表 3.2

x	$(-\infty, 0)$	0	$(0, 2)$	2	$(2, +\infty)$
y'	+	0	-	0	+
y	↗	7（极大值）	↘	3（极小值）	↗

由上表可以知：函数 $f(x) = x^3 - 3x^2 + 7$ 在 $x = 0$ 处存在极大值 $f(0) = 7$；在 $x = 2$ 处存在极小值 $f(2) = 3$.

若 $f(x)$ 在驻点 x_0 处二阶导数 $f''(x_0)$ 存在且不等于零，则可用如下方法判别 x_0 是极大值点还是极小值点.

【定理 3】（极值判别法 II）设 $f(x)$ 在点 x_0 处具有二阶导数，且 $f'(x_0) = 0$.

（1）若 $f''(x_0) > 0$，则 $f(x_0)$ 为函数 $f(x)$ 的极小值；

（2）若 $f''(x_0) < 0$，则 $f(x_0)$ 为函数 $f(x)$ 的极大值；

（3）若 $f''(x_0) = 0$，则此判别法失效.

【例 3.20】 利用定理 3 求例 3.19 中 $f(x) = x^3 - 3x^2 + 7$ 的极值.

【解】 由于例 3.19 中 $f'(x) = 3x^2 - 6x = 3x(x-2)$，$x = 0$，$x = 2$ 为驻点，而 $f''(x) = 6x - 6 = 6(x-1)$，从而
$$f''(0) < 0, \quad f''(2) > 0$$
故 $f(0) = 7$ 为极大值，$f(2) = 3$ 为极小值.

对 $f'(x_0) = f''(x_0) = 0$ 的点或不可导点 x_0，均不能用第二种极值判别法来判断 $f(x_0)$ 是否为极值，此时仍然要用第一种极值判别法来判断. 例如，函数 $f(x) = x^5$，其导函数为 $f'(x) = 5x^4$，驻点为 $x = 0$. 二阶导数 $f''(x) = 20x^3$，故 $f''(0) = 0$，因此用第二种极值判别法无法判断. 由于在 $x = 0$ 左右两侧均有 $f'(x) = 5x^4 > 0$，故 $x = 0$ 不是极值点，原函数无极值点.

3. 极值的应用

当函数 $f(x)$ 在闭区间 $[a, b]$ 上连续时，必有最大值和最小值，并且函数的最大值和最小值显然只可能在极值点和区间的端点处取得. 因此可求出函数 $f(x)$ 在所有驻点和不可导点处的函数值以及在区间端点处的函数值，其中最大者就是函数 $f(x)$ 在 $[a, b]$ 上的最大值，最小者就是函数 $f(x)$ 在 $[a, b]$ 上的最小值.

【例 3.21】 求函数 $f(x) = x^3 - 3x^2 - 9x + 30$ 在 $[-2, 2]$ 上的最大值和最小值.

【解】 $f'(x) = 3x^2 - 6x - 9 = 3(x-3)(x+1)$

令 $f'(x) = 0$，得驻点 $x_1 = -1$，$x_2 = 3 \notin (-2, 2)$（舍去）

比较函数在驻点与端点处的函数值：$f(-1) = 35$，$f(-2) = 28$，$f(2) = 8$.

所以函数 $f(x)$ 在 $[-2, 2]$ 上的最大值为 $f(-1) = 35$，最小值 $f(2) = 8$.

对于最值问题，有如下结论：如果一个实际问题可以预先断定必存在最值，并且函数

在定义域内只有唯一临界点,则无须判别即可断定,该临界点的函数值必为所求最值. 这个结论在实际问题中有非常广泛的应用.

【例 3.22】 某房地产公司有 50 套公寓要出租,当租金定为每月 180 元时,公寓会全部租出去. 当租金每月增加 10 元时,就有一套公寓租不出去,而租出去的房子每月需花费 20 元的整修维护费. 试问房租定为多少可获得最大收入?

【解】 设房租为每月 x 元,租出去的房子有 $50-(\dfrac{x-180}{10})$ 套,每月总收入为

$$R(x) = (x-20)(50-\dfrac{x-180}{10})$$

$$= (x-20)(68-\dfrac{x}{10})$$

$$R'(x) = (68-\dfrac{x}{10}) + (x-20)(-\dfrac{1}{10})$$

$$= 70 - \dfrac{x}{5}$$

令 $R'(x) = 0$,我们得到:$x = 350$(唯一驻点).
故每月每套租金为 350 元时收入最高. 最大收入为

$$R(350) = (350-20)(68-\dfrac{350}{10})$$

$$= 10890 \text{(元)}$$

【例 3.23】 要建造一个长方体无盖蓄水池,其容积为 1000m^3,底面为正方形. 设底面的单位造价是四壁单位造价的 2 倍,问底边和高各为多少时可使所用费用最省?

【解】 设底边长为 x,高为 h,四壁的单位造价为 a,则总造价函数为

$$y = 2ax^2 + a \cdot 4xh = 2a(x^2 + 2xh)$$

而 $x^2 h = 1000$,所以 $h = \dfrac{1000}{x^2}$,即总造价函数为

$$y = 2a(x^2 + 2x \cdot \dfrac{1000}{x^2}) = 2a\left(x^2 + \dfrac{2000}{x}\right) \quad (x > 0)$$

由

$$y' = 2a(2x - \dfrac{2000}{x^2}) = 4a\left(x - \dfrac{1000}{x^2}\right)$$

令 $y' = 0$,得唯一的驻点 $x=10$,此时 $h=10$. 而该问题显然有最低的造价,所以当底边和高都为 10m 时,所用费用最省.

三、曲线的凹向与拐点

在经济学的讨论中,不仅关心经济变量的增减,同时还关心它增减的快慢程度及其快慢程度发生变化的转折点. 这一现象反映在数学上,就是函数曲线的凹向与拐点问题.

1. 曲线凹凸性及拐点的概念

在图 3.7 中，虽然两条曲线弧从 A 到 B 都是上升的，但图形却有明显的不同，通常称曲线弧$\overset{\frown}{ACB}$ 是凸的，曲线弧$\overset{\frown}{ADB}$ 是凹的．为了准确地刻画函数图形的这个特点，需要研究曲线的凹凸性及其判别法．

图 3.7

根据曲线与其上各点切线的位置关系，对于曲线的特性给出如下定义．

【定义 2】 在区间 (a,b) 内，如果曲线位于其任意一点处的切线的上方，那么曲线在 (a,b) 内是凹的；如果曲线位于其任意一点处的切线的下方，那么曲线在 (a,b) 内是凸的．

【定义 3】 连续曲线上的凹弧与凸弧的分界点称为曲线的拐点．

2. 曲线凹凸性的判断

我们将图 3.7 分解成如下两个图形，如图 3.8 所示．

图 3.8

如图 3.8（a）所示，对于凹的曲线，切线斜率 $f'(x)$ 随 x 的增大而增大，故 $f'(x)$ 是单调递增的，因而 $f''(x)>0$；如图 3.8（b）所示，对于凸的曲线，切线斜率 $f'(x)$ 随 x 的增大而减小，故 $f'(x)$ 是单调递减的，因而 $f''(x)<0$．这表明曲线的凹凸性可由 $f''(x)$ 的符号来确定．

【定理 4】 设函数 $f(x)$ 在开区间 (a,b) 内具有二阶导数．

（1）若对 $\forall x \in (a,b)$ 有 $f''(x)>0$，则 $f(x)$ 在 (a,b) 上的图形是凹的；

（2）若对 $\forall x \in (a,b)$ 有 $f''(x)<0$，则 $f(x)$ 在 (a,b) 上的图形是凸的．

由于拐点是曲线凹凸的分界点，所以拐点左、右邻近的二阶导数符号必相反．因此，在拐点 (x_0, y_0) 处有 $f''(x_0)=0$ 或 $f''(x_0)$ 不存在．

我们可按以下步骤来确定函数 $f(x)$ 的凹凸性和拐点：

① 求函数 $f(x)$ 的定义域；

② 求 $f'(x)$，$f''(x)$（将其化为最简形式）；

③ 求出 $f''(x)=0$ 的点和 $f''(x)$ 不存在点，由这些点将定义域分为若干子区间；

④ 列表考察 $f''(x)$ 在各子区间的符号，以此确定函数 $f(x)$ 的凹凸性；

⑤ 函数 $f(x)$ 凹凸性发生改变的点即为 $f(x)$ 的拐点．

【例 3.24】 确定函数 $f(x)=3x^4-4x^3+1$ 的凹凸区间及拐点.

【解】 函数 $f(x)$ 的定义域为 $(-\infty,+\infty)$.

$f'(x)=12x^3-12x^2$，$f''(x)=36x^2-24x=12x(3x-2)$

令 $f''(x)=0$ 得 $x_1=0$，$x_2=\dfrac{2}{3}$.

列表讨论（见表 3.3，表中"$\frown$"表示曲线是凸的，"$\smile$"表示曲线是凹的）.

表 3.3

x	$(-\infty,0)$	0	$(0,\dfrac{2}{3})$	$\dfrac{2}{3}$	$(\dfrac{2}{3},+\infty)$
$f''(x)$	+	0	-	0	+
$f(x)$	$\smile$	拐点	$\frown$	拐点	$\smile$

由上表可知：曲线 $f(x)$ 在区间 $(0,\dfrac{2}{3})$ 上是凸的，在区间 $(-\infty,0)$，$(\dfrac{2}{3},+\infty)$ 上是凹的；拐点为 $(0,1)$ 和 $(\dfrac{2}{3},\dfrac{11}{27})$.

【例 3.25】 判定曲线 $y=\dfrac{1}{x}$ 的凹凸性及拐点.

【解】 函数的定义域为 $(-\infty,0)\cup(0,+\infty)$；$y'=-\dfrac{1}{x^2}$，$y''=\dfrac{2}{x^3}$.

当 $x>0$ 时，$y''>0$；当 $x<0$ 时，$y''<0$. 所以曲线在 $(-\infty,0)$ 内是凸的，在 $(0,+\infty)$ 内是凹的. 但由于函数 $y=\dfrac{1}{x}$ 在点 $x=0$ 处无意义，故曲线无拐点.

习题 3.3

1. 求下列函数的单调区间.

   (1) $y=2+x-x^2$；
   (2) $y=\dfrac{2x}{1+x^2}$；
   (3) $y=x-\ln(1+x)$；
   (4) $y=e^x-x-1$.

2. 求下列函数极值.

   (1) $y=2x^3-6x^2-18x+7$；
   (2) $y=(x-5)^2\cdot\sqrt[3]{(x+1)^2}$；
   (3) $y=x^2\ln x$；
   (4) $y=x^2 e^{-x^2}$.

3. 求下列函数在给定区间上的最大值与最小值.

   (1) $y=2+x-x^2$，$x\in[0,5]$；
   (2) $y=\dfrac{2}{3}x-\sqrt[3]{x^2}$，$x\in[-1,2]$.

4. 要做一个容积为 $16\pi \text{ m}^3$ 的圆柱形密闭容器，问怎样设计其尺寸可使用料最省？

5. 一窗户的形状是一半圆加一矩形（如图 3.9 所示），若要使窗户所围的面积为 5m^2，问 AB 和 BC 的长各为多少时，能使做窗户所用材料最少？

图 3.9

6. 讨论下列函数的凹向与拐点：

(1) $y = 3x - x^3$；　　　　(2) $y = x^2 \ln x$．

综合练习 3

1. 验证在区间 $[0,3]$ 上，函数 $y = x\sqrt{3-x}$ 满足罗尔定理条件，并求出满足条件的 ξ．

2. 求下列极限．

(1) $\lim\limits_{x \to 0} \dfrac{\ln(1+2x^2)}{x \sin x}$；　　　　(2) $\lim\limits_{x \to \infty} x(e^{\frac{1}{x}} - 1)$；

(3) $\lim\limits_{x \to \infty} \dfrac{x(e^x+1) - 2(e^x-1)}{x \sin x}$；　　(4) $\lim\limits_{x \to \infty} \dfrac{\ln(1+3x) - \sin x}{x}$；

(5) $\lim\limits_{x \to \infty} \dfrac{x^2 - \cos(x-1)}{\ln x}$；　　(6) $\lim\limits_{x \to \infty} \dfrac{x^2 - \cos^2 x - 1}{(2x + \sin x)^2}$．

3. 讨论下列函数的单调性，并指出单调区间．

(1) $f(x) = 2x^3 - 3x^2$；　　　　(2) $f(x) = \sqrt{2x - x^2}$．

4. 求下列函数的极值．

(1) $f(x) = x^{\frac{1}{3}}(1-x)^{\frac{2}{3}}$；　　　　(2) $f(x) = x - \ln(x+1)$．

5. 某农场要围建一个面积为 512m^2 的矩形晒谷场，一边可以利用原来的石条沿，其他三边需要砌新的石条沿．问晒谷场的长及宽各为多少时用料最省？

6. 求下列函数在给定闭区间上的最值．

(1) $f(x) = \sqrt{5-4x}, x \in [-1,1]$；　　(2) $f(x) = 3^{-x}, x \in [0,3]$；

(3) $f(x) = x^2\sqrt{a^2-x^2}, x \in [0,a]$；　　(4) $f(x) = \dfrac{x-1}{x+1}, x \in [0,4]$．

7. 求下列曲线的凹向区间及拐点．

(1) $y = x + x^{\frac{5}{3}}$；　　(2) $y = \sqrt{1+x^2}$；　　(3) $y = x^3 - 5x^2 + 3x - 5$．

第4章 积分及其应用

学习目标

1. 掌握积分的概念与性质；
2. 能较熟练地运用第一类换元积分方法求积分；
3. 能运用第二类换元积分方法求积分；
4. 能运用分部积分方法求积分；
5. 了解无穷区间上的广义积分及几何意义；
6. 掌握定积分的微元法，会用定积分的微元法求平面图形的面积和旋转体的体积；
7. 根据专业需要会用微元法求变力所做的功或用定积分解决经济上的一些问题；
8. 掌握微分方程的基本概念及微分方程的应用.

4.1 定积分的概念及性质

一、定积分的概念

1. 曲边梯形的面积

设平面曲线 $y=f(x)$ 在闭区间 $[a,b]$ 上连续，且 $f(x)\geqslant 0$，则由平面曲线 $y=f(x)$ 与直线 $x=a$，$x=b$，$y=0$ 所围成的平面图形称为曲边梯形，如图 4.1 所示.

图 4.1

图 4.2

由于图形不规则，用初等数学的方法难以准确地求出曲边梯形的面积．考虑将区间 $[a,b]$ 分割成许多小区间，相应的曲边梯形被分割成许多小曲边梯形．由于小曲边梯形很小，这样每个小区间上的小曲边梯形可以近似看成很小的矩形，小矩形的底是小区间的长度，高是小区间上一点的函数值．再用这些小矩形的面积近似代替小梯形的面积．这样，所有小矩形面积之和就可以作为整个曲边梯形面积的一个近似值. 把区间 $[a,b]$ 无限细分下去，使每个小区间的长度都趋于零，这时所有小矩形面积之和的极限就是曲边梯形的面积（见图4.2）.

于是求曲边梯形的面积 S 分为下面四步进行.

（1）分割. 在 $[a,b]$ 中任意插入若干个分点 $a = x_0 < x_1 < x_2 < \cdots < x_{n-1} < x_n = b$，可得 n 个首尾相连的小闭区间 $[x_0, x_1]$，$[x_1, x_2]$，$\cdots$，$[x_{i-1}, x_i]$，$\cdots$，$[x_{n-1}, x_n]$. 过 x_i $(i=1,2,\cdots,n-1)$ 作平行于 y 轴的直线，将曲边梯形分成 n 个小曲边梯形.

（2）近似代替. 在每个小区间 $[x_{i-1}, x_i]$ $(i=1,2,\cdots,n)$ 上任取一点 ξ_i $(x_{i-1} \leqslant \xi_i \leqslant x_i)$，以 $f(\xi_i)$ 为高，以 $\Delta x_i = x_i - x_{i-1}$ 为底画小矩形. 用小矩形面积 $f(\xi_i)\Delta x_i$ 近似代替相应的第 i 个小曲边梯形的面积 ΔS_i，即

$$\Delta S_i \approx f(\xi_i)\Delta x_i \ (i=1,2,\cdots,n)$$

（3）求和. 将 n 个小矩形的面积加起来，得和式

$$f(\xi_1)\Delta x_1 + f(\xi_2)\Delta x_2 + \cdots + f(\xi_i)\Delta x_i + \cdots + f(\xi_n)\Delta x_n = \sum_{i=1}^{n} f(\xi_i)\Delta x_i$$

（4）取极限. 记 $\lambda = \max\{\Delta x_1, \Delta x_2, \cdots, \Delta x_n\}$，当分点个数无限增大 $(n \to \infty)$ 时，且所有小区间 $[x_{i-1}, x_i]$ $(i=1,2,\cdots,n)$ 中长度最大的值即 λ 趋于 0 时，和式的极限存在，这个极限值就是曲边梯形的面积，即

$$S = \lim_{\lambda \to 0} \sum_{i=1}^{n} f(\xi_i)\Delta x_i$$

2. 定积分的定义

【定义 1】 设 $f(x)$ 在区间 $[a,b]$ 上有界，仿照曲边梯形面积求法的四个步骤，若和式极限 $\lim\limits_{\lambda \to 0} \sum\limits_{i=1}^{n} f(\xi_i)\Delta x_i$ 存在，称函数 $f(x)$ 在 $[a,b]$ 上可积，此极限值称为函数 $f(x)$ 在区间 $[a,b]$ 上的定积分，记为 $\int_a^b f(x)\mathrm{d}x$，即

$$\int_a^b f(x)\mathrm{d}x = \lim_{\lambda \to 0} \sum_{i=1}^{n} f(\xi_i)\Delta x_i$$

其中，$f(x)$ 称为被积函数，$f(x)\mathrm{d}x$ 称为被积表达式，x 叫积分变量，$[a,b]$ 为积分区间，a 为积分下限，b 为积分上限.

根据定积分的定义，上面讨论的曲边梯形的面积就是曲线 $y = f(x)$ 在区间 $[a,b]$ 上的定积分，即

$$S = \int_a^b f(x)\mathrm{d}x$$

3. 定积分的几何意义

在 $[a,b]$ 上，若 $f(x) \geqslant 0$，定积分 $\int_a^b f(x)\mathrm{d}x$，是由曲线 $y = f(x)$，直线 $x=a$、$x=b$ 与 x 轴所围成的曲边梯形的面积.

在 $[a,b]$ 上，若 $f(x)\leqslant 0$，由曲线 $y=f(x)$，直线 $x=a$、$x=b$ 与 x 轴所围成的曲边梯形位于 x 轴的下方，定积分在 $\int_a^b f(x)\mathrm{d}x$ 在几何上表示上述曲边梯形面积的负值，如图 4.3 所示．

在 $[a,b]$ 上，若 $f(x)$ 有正有负，在 x 轴上方部分的面积取正值，在 x 轴下方部分的面积取负值，则 $\int_a^b f(x)\mathrm{d}x$ 的几何意义为由曲线 $y=f(x)$，直线 $x=a$、$x=b$ 与 x 轴所围成的图形各部分面积的代数和，如图 4.4 所示．

图 4.3

图 4.4

二、定积分的性质

为方便起见，先做出以下两点规定：

（1）当 $a=b$ 时，$\int_a^b f(x)\mathrm{d}x=0$；

（2）当 $a>b$ 时，$\int_a^b f(x)\mathrm{d}x=-\int_b^a f(x)\mathrm{d}x$．

规定（1）说明在某一点上积分对象是一条线段，线段没有面积，所以定积分为零；规定（2）说明若调换定积分的上下限，定积分结果是原来的相反数．

【性质 1】 函数的代数和的定积分等于定积分的代数和，即若函数 $f(x)$ 和 $g(x)$ 在闭区间 $[a,b]$ 都可积，有

$$\int_a^b [f(x)\pm g(x)]\mathrm{d}x=\int_a^b f(x)\mathrm{d}x\pm\int_a^b g(x)\mathrm{d}x$$

【性质 2】 常数因子可以提到积分号外面，即

$$\int_a^b kf(x)\mathrm{d}x=k\int_a^b f(x)\mathrm{d}x\quad（k\text{ 是常数}）$$

【性质 3】（定积分对区间的可加性）如果积分区间 $[a,b]$ 被 $c(a<c<b)$ 分成两个小区间 $[a,c]$ 及 $[c,b]$，则

$$\int_a^b f(x)\mathrm{d}x=\int_a^c f(x)\mathrm{d}x+\int_c^b f(x)\mathrm{d}x$$

【性质 4】 如果在区间 $[a,b]$（$a<b$）上，$f(x)\geqslant 0$，则

$$\int_a^b f(x)\mathrm{d}x\geqslant 0$$

【性质 5】（定积分的比较性质）如果在区间 $[a,b]$（$a<b$）上，有 $f(x)\leqslant g(x)$，则

$$\int_a^b f(x)\mathrm{d}x\leqslant \int_a^b g(x)\mathrm{d}x$$

【性质 6】 定积分与积分变量的符号无关，即有

$$\int_a^b f(x)\mathrm{d}x = \int_a^b f(t)\mathrm{d}t$$

注 性质 6 说明定积分的值只与被积函数及积分区间有关，而与积分变量的符号无关，改变积分变量的符号定积分的值也不会改变.

【**性质 7**】（定积分的估值定理）设 M, m 分别是 $[a,b]$ 上连续函数 $f(x)$ 的最大值和最小值，则

$$m(b-a) \leqslant \int_a^b f(x)\mathrm{d}x \leqslant M(b-a)$$

【**性质 8**】（定积分中值定理）若函数 $f(x)$ 在 $[a,b]$ 上连续，则在积分区间 $[a,b]$ 上至少存在一个点 ξ，使

$$\int_a^b f(x)\mathrm{d}x = f(\xi)(b-a)$$

定积分中值定理的几何意义：在区间 $[a,b]$ 上至少存在一点 ξ，使得以区间 $[a,b]$ 为底边、以曲线 $y=f(x)$ 为曲边的曲边梯形的面积等于同一底边而高为 $f(\xi)$ 的一个矩形的面积（见图 4.5）. 由 $\int_a^b f(x)\mathrm{d}x = f(\xi)(b-a)$，得

$$f(\xi) = \frac{1}{b-a}\int_a^b f(x)\mathrm{d}x$$

图 4.5

这个式子称为积分均值，它是连续函数 $f(x)$ 在区间 $[a,b]$ 上的平均值.

【**例 4.1**】 比较 $\int_0^1 x^3 \mathrm{d}x$ 与 $\int_0^1 x^4 \mathrm{d}x$ 的大小.

【**解**】 令 $f(x) = x^3 - x^4$，$x \in [0,1]$，则 $f(x) = x^3(1-x) \geqslant 0$，即 $x^3 \geqslant x^4$，由定积分性质 5，可知

$$\int_0^1 x^3 \mathrm{d}x \geqslant \int_0^1 x^4 \mathrm{d}x$$

【**例 4.2**】 估计定积分 $\int_{-2}^1 \mathrm{e}^{-x^2} \mathrm{d}x$ 的值.

【**解**】 先求被积函数 $f(x) = \mathrm{e}^{-x^2}$ 在积分区间 $[-2,1]$ 上的最大值和最小值. 由

$$f'(x) = -2x\mathrm{e}^{-x^2}$$

解方程 $f'(x) = 0$，得驻点 $x = 0$，比较驻点及区间端点的函数值.

$$f(0) = 1, \ f(-2) = \frac{1}{\mathrm{e}^4}, \ f(1) = \frac{1}{\mathrm{e}}$$

得最大值 $M = 1$，最小值 $m = \dfrac{1}{\mathrm{e}^4}$.

由定积分性质 7 得

$$\frac{1}{e^4}[1-(-2)] \leqslant \int_{-2}^{1} e^{-x^2} dx \leqslant 1\times[1-(-2)]$$

即

$$\frac{3}{e^4} \leqslant \int_{-2}^{1} e^{-x^2} dx \leqslant 3$$

习题 4.1

1. 由定积分的几何意义，可知 $\int_0^a \sqrt{a^2-x^2}\,dx =$ （　　）.

   A. $2\pi a^2$　　　B. πa^2　　　C. $\frac{1}{2}\pi a^2$　　　D. $\frac{1}{4}\pi a^2$

2. 设 $f(x)$ 在 $(-\infty,+\infty)$ 是连续的，求 $\int_2^3 f(x)dx + \int_3^2 f(t)dt + \int_1^1 dx$.

3. 不计算，比较积分值 $\int_0^1 x^2 dx$ 与 $\int_0^1 x^3 dx$ 的大小.

4. 估计定积分 $\int_{-1}^2 (x^2+1)\,dx$ 的值.

4.2　不定积分的概念及性质

在微分学中，求运动方程（位置函数）为 $s(t) = \frac{1}{2}at^2$（a 为常数）的质点在 t 时刻的瞬时速度 $v(t)$，可由 $v(t) = s'(t) = at$ 求出. 若反过来，已知质点的瞬时速度函数为 $v(t) = at$，要求它的运动方程呢？这就要用到不定积分的知识.

一、不定积分的概念

1. 原函数

【定义1】 如果在区间 I 上，可导函数 $F(x)$ 的导函数为 $f(x)$，即对任一 $x \in I$ 都有
$$F'(x) = f(x) \text{ 或 } dF(x) = f(x)dx$$
则称 $F(x)$ 为 $f(x)$ 在区间 I 上的原函数.

例如，因为 $(x^2)' = 2x$，所以 x^2 是 $2x$ 的原函数.

又由导数的基本运算，可得
$$(x^2+3)' = 2x,\ (x^2-4)' = 2x$$
$$(x^2+C)' = 2x\ (C\text{ 为任意常数})$$

所以 x^2+3、x^2-4、x^2+C 都是 $2x$ 的原函数，可见原函数不是唯一的.

思考1　一个函数应具备什么条件，才能保证它的原函数一定存在呢？

【定理1】（原函数存在定理）如果函数 $f(x)$ 在区间 I 上连续，那么在区间 I 上必存在可导函数 $F(x)$，使对任意 $x \in I$ 都有 $F'(x) = f(x)$.

上述定理说明了连续函数一定存在原函数.

思考 2 怎么理解形如 x^2+C 这种带一个常数 C 的原函数？

注 如果一个函数存在原函数，那么它的原函数是无穷多个，并且任意两个原函数之间只相差一个常数.

2. 不定积分

【定义 2】若 $F(x)$ 是 $f(x)$ 在区间 I 上的原函数，则原函数的一般表达式 $F(x)+C$（C 为任意常数）称为 $f(x)$ 在 I 上的不定积分，记为

$$\int f(x)\mathrm{d}x$$

即

$$\int f(x)\mathrm{d}x = F(x)+C$$

其中，$\int$ 称为积分号，x 称为积分变量，$f(x)$ 称为被积函数，$f(x)\mathrm{d}x$ 称为被积表达式，C 称为积分常数.

由不定积分的定义可知，一个函数 $f(x)$ 的不定积分，等于它的一个原函数 $F(x)$ 加上一个任意常数 C.

例如，$\int 2x\mathrm{d}x = x^2 + C$.

求已知函数的所有原函数的方法称为不定积分法，它是微分运算的逆运算. 有

$$\left[\int f(x)\mathrm{d}x\right]' = f(x) \quad 或 \quad \mathrm{d}\left[\int f(x)\mathrm{d}x\right] = f(x)\mathrm{d}x$$

$$\int F'(x)\mathrm{d}x = F(x)+C \quad 或 \quad \int \mathrm{d}F(x) = F(x)+C$$

注 求一个函数的不定积分，只需求出它的一个原函数，再加上任意常数 C 即可.

【例 4.3】 求 $\int x\mathrm{d}x$.

【解】 因为 $(\frac{1}{2}x^2)' = x$，所以 $\frac{1}{2}x^2$ 是 x 的一个原函数，因此

$$\int x\mathrm{d}x = \frac{1}{2}x^2 + C$$

【例 4.4】 求 $\int \cos x\mathrm{d}x$.

【解】 因为 $(\sin x)' = \cos x$，所以 $\sin x$ 是 $\cos x$ 的一个原函数，因此

$$\int \cos x\mathrm{d}x = \sin x + C$$

【例 4.5】 求经过点 $(1,3)$ 且曲线上任一点处切线斜率为这点横坐标 2 倍的曲线方程.

【解】 设所求曲线的方程为 $y=f(x)$，依题意，曲线在点 $(x,f(x))$ 处的斜率为

$$y' = f'(x) = 2x$$

即 $f(x)$ 是 $2x$ 的一个原函数，用不定积分法来求，得

$$y = \int 2x\mathrm{d}x = x^2 + C$$

因为所求的曲线过点 (1, 3)，所以有 $3 = 1^2 + C$，即 $C = 2$. 所求的曲线方程为
$$y = x^2 + 2$$

3. 不定积分的几何意义

函数 $f(x)$ 的原函数的图像称为函数 $f(x)$ 的积分曲线，如例 4.5 中的 $y = x^2 + 2$ 就是 $y' = 2x$ 通过点 (1, 3) 的那条积分曲线. $f(x)$ 的不定积分 $F(x) + C$ 构成了 $f(x)$ 的积分曲线簇（见图4.6），它们可以由其中任何一条积分曲线沿着 y 轴方向平移得到. 这就是不定积分的几何意义.

图 4.6

二、不定积分的性质

1. 不定积分的基本公式

从导数基本公式可以得到相应的不定积分公式.

例如由 $(\sin x)' = \cos x$，得 $\int \cos x \mathrm{d}x = \sin x + C$，类似地可以得到其他不定积分公式. 下面列出这些不定积分的基本公式，是求不定积分的基础，必须熟练掌握.

(1) $\int k \mathrm{d}x = kx + C$（$k$ 为常数）；

(2) $\int x^\mu \mathrm{d}x = \dfrac{1}{\mu + 1} x^{\mu+1} + C$（$\mu \neq -1$）；

(3) $\int \dfrac{1}{x} \mathrm{d}x = \ln |x| + C$；

(4) $\int \dfrac{1}{1 + x^2} \mathrm{d}x = \arctan x + C$；

(5) $\int \dfrac{1}{\sqrt{1 - x^2}} \mathrm{d}x = \arcsin x + C$；

(6) $\int \mathrm{e}^x \mathrm{d}x = \mathrm{e}^x + C$；

(7) $\int a^x \mathrm{d}x = \dfrac{a^x}{\ln a} + C$（$a > 0$ 且 $a \neq 1$）；

(8) $\int \sin x \mathrm{d}x = -\cos x + C$；

（9）$\int \cos x \mathrm{d}x = \sin x + C$；

（10）$\int \dfrac{1}{\cos^2 x}\mathrm{d}x = \int \sec^2 x \mathrm{d}x = \tan x + C$；

（11）$\int \dfrac{1}{\sin^2 x}\mathrm{d}x = \int \csc^2 x \mathrm{d}x = -\cot x + C$；

（12）$\int \sec x \tan x \mathrm{d}x = \sec x + C$；

（13）$\int \csc x \cot x \mathrm{d}x = -\csc x + C$.

【例 4.6】 求 $\int \sqrt{x}\mathrm{d}x$.

【解】 利用公式（2），得
$$\int \sqrt{x}\mathrm{d}x = \int x^{\frac{1}{2}}\mathrm{d}x = \dfrac{1}{\frac{1}{2}+1}x^{\frac{1}{2}+1} + C = \dfrac{2}{3}x^{\frac{3}{2}} + C$$

【例 4.7】 求 $\int \dfrac{1}{x\sqrt{x}}\mathrm{d}x$.

【解】 被积函数实际上还是幂函数，利用公式（2），得
$$\int \dfrac{1}{x\sqrt{x}}\mathrm{d}x = \int x^{-\frac{3}{2}}\mathrm{d}x = \dfrac{1}{-\frac{3}{2}+1}x^{-\frac{3}{2}+1} + C = -2x^{-\frac{1}{2}} + C$$

上面的例子表明，幂函数可以用根式、分式来表示，它们都可以利用公式（2）来计算，即在计算不定积分时先把幂函数化为 x^μ 的形式.

注 在应用积分基本公式时注意要符合公式的形式才可以用.

2. 不定积分的性质

由不定积分的定义及导数的运算性质可得不定积分的性质.

【性质 1】 求不定积分时，被积函数中不为零的常数因子可以提到积分号外面，即
$$\int kf(x)\mathrm{d}x = k\int f(x)\mathrm{d}x \quad (k \text{ 为常数}, k \neq 0)$$

【性质 2】 函数和的不定积分等于各个函数不定积分的和，即
$$\int [f(x) \pm g(x)]\mathrm{d}x = \int f(x)\mathrm{d}x \pm \int g(x)\mathrm{d}x$$

3. 直接积分法

利用不定积分的定义、基本公式及性质，可以直接来求不定积分.

【例 4.8】 求 $\int (3\mathrm{e}^x - 4\sin x)\mathrm{d}x$.

【解】 $\int (3\mathrm{e}^x - 4\sin x)\mathrm{d}x = \int 3\mathrm{e}^x \mathrm{d}x - \int 4\sin x \mathrm{d}x$
$= 3\int \mathrm{e}^x \mathrm{d}x - 4\int \sin x \mathrm{d}x$
$= 3\mathrm{e}^x + 4\cos x + C$

【例4.9】 求 $\int \dfrac{x+5}{\sqrt{x}} dx$.

【解】
$$\int \dfrac{x+5}{\sqrt{x}} dx = \int x^{\frac{1}{2}} dx + 5\int x^{-\frac{1}{2}} dx$$
$$= \dfrac{2}{3} x^{\frac{3}{2}} + 5 \times 2 x^{\frac{1}{2}} + C$$
$$= \dfrac{2}{3} x^{\frac{3}{2}} + 10 x^{\frac{1}{2}} + C$$

【例4.10】 求 $\int \tan^2 x \, dx$.

【解】 积分基本公式中没有直接给出求 $\tan^2 x$ 的公式,但给出了 $\sec^2 x$ 的公式,利用三角公式进行变形之后可以利用公式.
$$\int \tan^2 x \, dx = \int (\sec^2 x - 1) dx = \int \sec^2 x \, dx - \int dx = \tan x - x + C$$

【例4.11】 求 $\int \sin^2 \dfrac{x}{2} dx$.

【解】 方法同例4.10,解法如下.
$$\int \sin^2 \dfrac{x}{2} dx = \int \dfrac{1-\cos x}{2} dx$$
$$= \dfrac{1}{2} x - \dfrac{1}{2} \sin x + C$$

习题 4.2

1. 单项选择题.

(1) 设函数 $f(x)$ 在区间 I 上连续,则 $\int f(x) dx$ 表示 $f(x)$ 在区间 I 的 (   ).

A. 导函数   B. 所有原函数

C. 某一个原函数   D. 唯一的一个原函数

(2) 设 $F'(x) = f(x)$,则下列正确的表达式是 (   ).

A. $\int dF(x) = f(x) + C$ B. $\int f(x) dx = F(x) + C$

C. $\dfrac{d}{dx} \int F(x) dx = f(x) + C$ D. $\int F'(x) dx = f(x) + C$

(3) 如果在区间 I 上,$\int f(x) dx = F(x) + C$,则 (   ).

A. $f(x)$ 是 $F(x)$ 在区间 I 上的一个原函数

B. $F(x)$ 是 $f(x)$ 在区间 I 上的一个原函数

C. $f'(x) = F(x)$,$x \in I$

D. 以上均不对

(4) 设 $\int f(x) dx = \dfrac{\ln x}{x} + C$,则 $f(x) = $ (   ).

A. $\dfrac{\ln x - 1}{x^2}$ B. $\dfrac{1}{2}(\ln x)^2$ C. $\ln \ln x$ D. $\dfrac{1 - \ln x}{x^2}$

(5) 函数 $5e^{5x}$ 的一个原函数为（　　）.

A. e^{5x} B. $5e^{5x}$ C. $\dfrac{1}{5}e^{5x}$ D. $-e^{5x}$

(6) $\int \sin^2 \dfrac{x}{2} dx = $（　　）.

A. $\dfrac{1}{2}x + \dfrac{1}{2}\sin x + C$ B. $\cos^2 \dfrac{x}{2} + C$ C. $\dfrac{1}{2}x - \dfrac{1}{2}\sin x + C$ D. $x - \sin x + C$

(7) $\int x^2 \sqrt{x} dx = $（　　）.

A. $\dfrac{2}{9}x^{\frac{9}{2}} + C$ B. $\dfrac{2}{7}x^{\frac{7}{2}} + C$ C. $\dfrac{2}{9}x^{\frac{9}{2}}$ D. $\dfrac{2}{7}x^{\frac{7}{2}}$

(8) $\int \dfrac{dx}{\sqrt{x}} = $（　　）.

A. $2\sqrt{x} + C$ B. $2\sqrt{x}$ C. $\dfrac{2}{3}x^{\frac{3}{2}}$ D. $\dfrac{2}{3}x^{\frac{3}{2}} + C$

2. 求下列不定积分.

(1) $\int (5x^2 - x + 3) dx$；

(2) $\int \dfrac{x^2 - 1}{\sqrt{x}} dx$；

(3) $\int \dfrac{dx}{x \cdot \sqrt[3]{x}}$；

(4) $\int \dfrac{x^2}{1 + x^2} dx$；

(5) $\int (2^x + e^x) dx$；

(6) $\int 3^x e^x dx$；

(7) $\int \dfrac{x^2 - 1}{\sqrt{x} + 1} dx$；

(8) $\int \dfrac{dx}{x^2 (1 + x^2)}$；

(9) $\int \dfrac{(1 - x)^2}{\sqrt{x}} dx$；

(10) $\int \dfrac{1}{1 + \cos 2x} dx$.

3. 求经过点 $(1, 2)$，且其切线斜率为 $2x$ 的曲线方程.

4. 求经过点 $(3, 12)$，且其切线斜率为 x^2 的曲线方程.

4.3　积分计算

一、积分法

利用不定积分定义、性质以及基本公式和一些三角变换，只能计算一些较简单的不定积分，但对于较复杂的不定积分，还必须寻求其他方法. 本节介绍一些常用的方法：第一类换元法、第二类换元法和分部积分法.

1. 第一类换元法（凑微分法）

【例 4.12】 求 $\int \sin 3x \, dx$.

【分析】 由于 $(-\cos 3x)' = 3\sin 3x \neq \sin 3x$，因此不能用积分基本公式 $\int \sin x \, dx = -\cos x + C$ 来求，而 $\sin 3x$ 也难以通过三角函数公式转化为基本积分公式中的形式.

下面引入第一类换元法，也称凑微分法来解决这个问题.

【定理 1】 设 $f(u)$ 有原函数 $F(u)$，$u = \varphi(x)$ 可导，则
$$\int f[\varphi(x)]\varphi'(x) \, dx = \left[\int f(u) \, du\right]_{u=\varphi(x)} = F[\varphi(x)] + C$$

【证明】 $f(u)$ 有原函数 $F(u)$，$F'(u) = f(u)$，所以
$$\int f(u) \, du = F(u) + C$$

根据复合函数的求导法则，得
$$[F(\varphi(x))]' = F'[\varphi(x)]\varphi'(x) = f[\varphi(x)]\varphi'(x)$$

即 $[F(\varphi(x))]$ 是 $f[\varphi(x)]\varphi'(x)$ 的一个原函数，由不定积分定义，可得
$$\int f[\varphi(x)]\varphi'(x) \, dx = F[\varphi(x)] + C$$

综上有
$$\int f[\varphi(x)]\varphi'(x) \, dx = \left[\int f(u) \, du\right]_{u=\varphi(x)}$$
$$= F[\varphi(x)] + C$$

第一类换元法 如果所求积分能够化为 $\int f[\varphi(x)]\varphi'(x) \, dx$ 的形式（或 $\int f[\varphi(x)] \, d\varphi(x)$），$\varphi(x)$ 可导，$\varphi'(x)$ 连续，我们令 $u = \varphi(x)$，可转化为求 $\int f(u) \, du$，这就是第一类换元法，因 $\varphi'(x)dx = d[\varphi(x)]$，故又称凑微分法.

如上面的例 4.12，对被积函数 $\sin 3x$，可令 $u = 3x$，则 $du = d(3x) = 3dx$，得
$$\int \sin 3x \, dx = \frac{1}{3}\int \sin 3x \cdot 3 \, dx = \frac{1}{3}\int \sin 3x \, d(3x)$$
$$\xrightarrow{\diamondsuit u = 3x} \frac{1}{3}\int \sin u \, du = -\frac{1}{3}\cos u + C \xrightarrow{\text{代回} u = 3x} -\frac{1}{3}\cos 3x + C$$

【例 4.13】 求 $\int 2x e^{x^2} \, dx$.

【解】 将 $2xdx$ 凑成 dx^2，再令 $u = x^2$，则原式化为 $\int e^u \, du$，即
$$\int 2x e^{x^2} \, dx = \int e^{x^2}(2x \, dx) = \int e^{x^2}(x^2)' \, dx = \int e^{x^2} \, dx^2$$
$$\xrightarrow{\diamondsuit u = x^2} \int e^u \, du = e^u + C \xrightarrow{\text{代回} u = x^2} e^{x^2} + C$$

注 凑微分法中最后的结果要将 $u = \varphi(x)$ 代回.

【例 4.14】 求 $\int e^{2x} \, dx$.

【解】 $\int e^{2x} \, dx = \frac{1}{2}\int e^{2x} \, d(2x)$

$$\xrightarrow{\diamondsuit u=2x} \frac{1}{2}\int e^u du = \frac{1}{2}e^u + C \xrightarrow{代回 u=2x} \frac{1}{2}e^{2x} + C$$

【例 4.15】 求 $\int \dfrac{1}{5x-6} dx$.

【解】 $\int \dfrac{1}{5x-6} dx = \dfrac{1}{5}\int \dfrac{1}{5x-6} d(5x-6)$

$$\xrightarrow{\diamondsuit u=5x-6} \frac{1}{5}\int \frac{1}{u} du = \frac{1}{5}\ln|u| + C$$

$$\xrightarrow{代回 u=5x-6} \frac{1}{5}\ln|5x-6| + C$$

【例 4.16】 求 $\int \tan x dx$.

【解】 $\int \tan x dx = \int \dfrac{\sin x}{\cos x} dx = -\int \dfrac{d\cos x}{\cos x} \xrightarrow{\diamondsuit u=\cos x} -\int \dfrac{du}{u} = -\ln|u| + C$

$$\xrightarrow{代回 u=\cos-x} -\ln|\cos x| + C$$

【例 4.17】 求 $\int \dfrac{1}{x^2} \sin \dfrac{1}{x} dx$.

【解】 $\int \dfrac{1}{x^2} \sin \dfrac{1}{x} dx = -\int \sin \dfrac{1}{x} \left(\dfrac{1}{x}\right)' dx$

$$= -\int \sin \frac{1}{x} d\frac{1}{x} = \cos \frac{1}{x} + C$$

注 凑微分法比较熟练以后，也可以不用出现 $u = \phi(x)$ 而直接计算.

【例 4.18】 求 $\int \dfrac{1}{a^2-x^2} dx$（$a \neq 0$）.

【解】 $\int \dfrac{1}{a^2-x^2} dx = \int \dfrac{1}{(a+x)(a-x)} dx = \dfrac{1}{2a}\int \left(\dfrac{1}{a+x} + \dfrac{1}{a-x}\right) dx$

$$= \frac{1}{2a}\left[\int \frac{1}{a+x} d(a+x) - \int \frac{1}{a-x} d(a-x)\right]$$

$$= \frac{1}{2a}(\ln|a+x| - \ln|a-x|) + C$$

$$= \frac{1}{2a}\ln\left|\frac{a+x}{a-x}\right| + C$$

【例 4.19】 求 $\int \dfrac{1}{x^2-3x+2} dx$.

【解】 $\int \dfrac{1}{x^2-3x+2} dx = \int \dfrac{1}{(x-2)(x-1)} dx$

$$= \int \left(\frac{1}{x-2} - \frac{1}{x-1}\right) dx$$

$$= \int \frac{1}{x-2} d(x-2) - \int \frac{1}{x-1} d(x-1)$$

$$= \ln|x-2| - \ln|x-1| + C$$

$$= \ln\left|\frac{x-2}{x-1}\right| + C$$

【例 4.20】 求 $\int \sec x \, dx$.

【解】
$$\int \sec x \, dx = \int \frac{1}{\cos x} dx = \int \frac{\cos x}{\cos^2 x} dx$$
$$= \int \frac{d\sin x}{1 - \sin^2 x} = \int \frac{d\sin x}{(1+\sin x)(1-\sin x)}$$
$$= \frac{1}{2}\int \left(\frac{1}{1+\sin x} + \frac{1}{1-\sin x}\right) d\sin x$$
$$= \frac{1}{2}\int \frac{1}{1+\sin x} d(1+\sin x) - \frac{1}{2}\int \frac{1}{1-\sin x} d(1-\sin x)$$
$$= \frac{1}{2}\ln\left|\frac{1+\sin x}{1-\sin x}\right| + C$$

下面再利用三角公式，将结果化简.
$$\frac{1}{2}\ln\left|\frac{1+\sin x}{1-\sin x}\right| + C = \frac{1}{2}\ln\left|\frac{(1+\sin x)^2}{1-\sin^2 x}\right| + C$$
$$= \frac{1}{2}\ln\left|\frac{1+\sin x}{\cos x}\right|^2 + C$$
$$= \frac{1}{2} \times 2\ln\left|\frac{1+\sin x}{\cos x}\right| + C$$
$$= \ln|\sec x + \tan x| + C$$

即
$$\int \sec x \, dx = \ln|\sec x + \tan x| + C$$

类似地有
$$\int \csc x \, dx = \ln|\csc x - \cot x| + C$$

常用的凑微分法有：

(1) $\int f(ax+b)dx = \frac{1}{a}\int f(ax+b)d(ax+b)$

(2) $\int f(ax^k+b)x^{k-1}dx = \frac{1}{ak}\int f(ax^k+b)d(ax^k+b)$

(3) $\int f(\sqrt{x})\frac{1}{\sqrt{x}}dx = 2\int f(\sqrt{x})d\sqrt{x}$

(4) $\int f\left(\frac{1}{x}\right)\frac{1}{x^2}dx = -\int f\left(\frac{1}{x}\right)d\left(\frac{1}{x}\right)$

(5) $\int f(e^x)e^x dx = \int f(e^x)de^x$

(6) $\int f(\ln x)\cdot\frac{1}{x}dx = \int f(\ln x)d\ln x$

(7) $\int f(\sin x)\cos x\,dx = \int f(\sin x)\,d\sin x$

(8) $\int f(\cos x)\sin x\,dx = -\int f(\cos x)\,d\cos x$

(9) $\int f(\tan x)\dfrac{1}{\cos^2 x}dx = \int f(\tan x)\,d\tan x$

(10) $\int f(\arcsin x)\dfrac{1}{\sqrt{1-x^2}}dx = \int f(\arcsin x)\,d\arcsin x$

(11) $\int f(\arctan x)\dfrac{1}{1+x^2}dx = \int f(\arctan x)\,d\arctan x$

(12) $\int \dfrac{\varphi'(x)}{\varphi(x)}dx = \int \dfrac{d\varphi(x)}{\varphi(x)} = \int d\ln|\varphi(x)|$

2. 第二类换元积分法

【例 4.21】 求 $\int \dfrac{x}{\sqrt{x+1}}dx$.

【分析】 不能直接利用积分基本公式，用第一类换元法也解不出，因为凑成 $\dfrac{1}{2}\int\dfrac{1}{\sqrt{x+1}}dx^2$ 后下一步便无从下手了，这时可以考虑把根号消去.

【解】 令 $\sqrt{x+1}=t$，则 $x=t^2-1$，$dx=2t\,dt$，于是

$$\int \dfrac{x}{\sqrt{x+1}}dx = \int \dfrac{t^2-1}{t}\cdot 2t\,dt$$
$$= 2\int(t^2-1)dt$$
$$= 2\int t^2 dt - 2\int dt$$
$$= \dfrac{2}{3}t^3 - 2t + C$$
$$= \dfrac{2}{3}(x+1)\sqrt{x+1} - 2\sqrt{x+1} + C$$

上述做法不能直接利用积分基本公式和第一类换元法，被积函数又含有根式时，可以通过变量代换，将含有根式的被积函数转化为不含根式的被积函数，使得新积分变量的不定积分更加易于求解，这就是第二类换元法.

第二类换元法 如果在不定积分 $\int f(x)dx$ 中，令 $x=\varphi(t)$，$\varphi(t)$ 有连续的导数，且 $\varphi'(t)\neq 0$，$x=\varphi(t)$ 存在反函数 $t=\varphi^{-1}(x)$，有

$$\int f(x)dx = \int f[\varphi(t)]\varphi'(t)dt$$
$$= F[\varphi^{-1}(x)] + C$$

【例 4.22】 求 $\int x\sqrt{x+3}\,dx$.

【解】 令 $\sqrt{x+3}=t$，则 $x=t^2-3$，$dx=2t\,dt$

$$\int x\sqrt{x+3}\,\mathrm{d}x = \int t(t^2-3)\cdot 2t\mathrm{d}t = 2\int(t^4-3t^2)\mathrm{d}t$$
$$= 2\cdot(\frac{1}{5}t^5-t^3)+C$$
$$= \frac{2}{5}(x+3)^2\sqrt{x+3}-2(x+3)\sqrt{x+3}+C$$

【例 4.23】 求 $\int \dfrac{1}{\sqrt[3]{x}+\sqrt{x}}\mathrm{d}x$．

【解】 令 $x=t^6$，则 $\mathrm{d}x=6t^5\mathrm{d}t$

$$\int \frac{1}{\sqrt[3]{x}+\sqrt{x}}\mathrm{d}x = \int \frac{6t^5}{t^3+t^2}\mathrm{d}t = 6\int \frac{t^5}{t^2(t+1)}\mathrm{d}t$$
$$= 6\int \frac{(t^3+1)-1}{t+1}\mathrm{d}t$$
$$= 6\int (t^2-t+1-\frac{1}{1+t})\mathrm{d}t$$
$$= 2t^3-3t^2+6t-6\ln|1+t|+C$$
$$= 2\sqrt{x}-3\sqrt[3]{x}+6\sqrt[6]{x}-6\ln|1+\sqrt[6]{x}|+C$$

【例 4.24】 求 $\int \dfrac{\mathrm{d}x}{\sqrt{x^2+a^2}}(a>0)$．

【解】 作辅助直角三角形（见图 4.7）．

图 4.7

令 $x=a\tan t$，则 $\mathrm{d}x=a\sec^2 t\mathrm{d}t$，
于是

$$\int \frac{\mathrm{d}x}{\sqrt{x^2+a^2}} = \int \frac{1}{a\sec t}\cdot a\sec^2 t\mathrm{d}t$$
$$= \int \sec t\mathrm{d}t = \ln|\sec t+\tan t|+C_1$$
$$= \ln|\frac{x}{a}+\frac{\sqrt{a^2+x^2}}{a}|+C_1$$
$$= \ln|x+\sqrt{a^2+x^2}|+C_1-\ln a$$
$$= \ln|x+\sqrt{a^2+x^2}|+C$$

其中，$C=C_1-\ln a$．

注 这里常数先用 C_1 后用 C，是因为计算 $C_1-\ln a$ 得到的还是一个常数，所以用 C 代替 $C_1-\ln a$ 可使得最后的结果比较简洁．

【例 4.25】 求 $\int \dfrac{\mathrm{d}x}{\sqrt{x^2-a^2}}(a>0)$.

【解】 作辅助直角三角形（见图 4.8）.

$(\sec t = \dfrac{x}{a})$

图 4.8

令 $x = a\sec t$，则 $\mathrm{d}x = a\sec t \tan t \mathrm{d}t$

$$\int \dfrac{\mathrm{d}x}{\sqrt{x^2-a^2}} = \int \dfrac{a\sec t \cdot \tan t}{a\tan t}\mathrm{d}t = \int \sec t \mathrm{d}t$$

$$= \ln|\sec t + \tan t| + C_1$$

$$= \ln\left|\dfrac{x}{a} + \dfrac{\sqrt{x^2-a^2}}{a}\right| + C_1$$

$$= \ln|x + \sqrt{x^2-a^2}| + C$$

其中，$C = C_1 - \ln a$.

一般地，如果被积函数含有带三角函数的二次根式时，如果用凑微分法难以计算时，可以通过三角代换法来计算：

$\sqrt{a^2-x^2}$，可令 $x = a\sin t$；

$\sqrt{x^2+a^2}$，可令 $x = a\tan t$；

$\sqrt{x^2-a^2}$，可令 $x = a\sec t$.

3. 分部积分法

对于有些不定积分，既不能直接利用公式，而第一类积分法和第二类积分法都解决不了，这时可以用分部积分法.

设函数 $u = u(x)$，$v = v(x)$ 具有连续的导数，由函数乘积的求导公式可得

$$(uv)' = u'v + uv'$$

移项，得

$$uv' = (uv)' - u'v$$

对上式两边求不定积分，得

$$\int uv'\mathrm{d}x = uv - \int u'v\mathrm{d}x$$

这就是分部积分公式，也可写作

$$\int u\mathrm{d}v = uv - \int v\mathrm{d}u$$

它的作用在于当 $\int u\mathrm{d}v$ 难求，而 $\int v\mathrm{d}u$ 容易求时，可转化为较容易的形式来求解.

【例 4.26】 求 $\int x\sin x\mathrm{d}x$.

【解】 令 $u=x$，则 $v'=\sin x$，$\mathrm{d}v=-\mathrm{d}\cos x$，有
$$\int x\sin x\mathrm{d}x=-\int x\mathrm{d}\cos x=-x\cos x+\int\cos x\mathrm{d}x=-x\cos x+\sin x+C$$

【例 4.27】 求 $\int \mathrm{e}^x\sin x\mathrm{d}x$.

【解法一】 令 $u=\mathrm{e}^x$，则 $v'=\sin x$，$\mathrm{d}v=-\mathrm{d}\cos x$
$$\int \mathrm{e}^x\sin x\mathrm{d}x=-\int \mathrm{e}^x\mathrm{d}\cos x=-\mathrm{e}^x\cos x+\int\cos x\mathrm{d}\mathrm{e}^x$$
$$=-\mathrm{e}^x\cos x+\int\cos x\cdot\mathrm{e}^x\mathrm{d}x$$
$$=-\mathrm{e}^x\cos x+\int\mathrm{e}^x\mathrm{d}\sin x$$
$$=-\mathrm{e}^x\cos x+\mathrm{e}^x\sin x-\int\sin x\mathrm{d}\mathrm{e}^x$$
$$=-\mathrm{e}^x\cos x+\mathrm{e}^x\sin x-\int\mathrm{e}^x\sin x\mathrm{d}x$$

移项后化简可得
$$\int \mathrm{e}^x\sin x\mathrm{d}x=\frac{\mathrm{e}^x(\sin x-\cos x)}{2}+C$$

【解法二】 令 $u=\sin x$，则 $v'=\mathrm{e}^x$
$$\int \mathrm{e}^x\sin x\mathrm{d}x=\int\sin x\mathrm{d}\mathrm{e}^x=\mathrm{e}^x\sin x-\int\mathrm{e}^x\mathrm{d}\sin x=\mathrm{e}^x\sin x-\int\mathrm{e}^x\cos x\mathrm{d}x$$
$$=\mathrm{e}^x\sin x-\mathrm{e}^x\cos x+\int\mathrm{e}^x\mathrm{d}\cos x$$
$$=\mathrm{e}^x(\sin x-\cos x)-\int\mathrm{e}^x\sin x\mathrm{d}x$$

移项后化简可得
$$\int \mathrm{e}^x\sin x\mathrm{d}x=\frac{\mathrm{e}^x(\sin x-\cos x)}{2}+C$$

【例 4.28】 求 $\int x\mathrm{e}^x\mathrm{d}x$.

【解】 若这样运用分部积分法
$$\int x\mathrm{e}^x\mathrm{d}x=\int \mathrm{e}^x\mathrm{d}\frac{x^2}{2}$$
$$=\mathrm{e}^x\frac{x^2}{2}-\int\frac{x^2}{2}\mathrm{d}\mathrm{e}^x$$
$$=\mathrm{e}^x\frac{x^2}{2}-\int\frac{x^2}{2}\mathrm{e}^x\mathrm{d}x$$

显然 $\int\frac{x^2}{2}\mathrm{e}^x\mathrm{d}x$ 比 $\int x\mathrm{e}^x\mathrm{d}x$ 更难求，故此法不行.

令 $u=x$，$v'=\mathrm{e}^x$，由分部积分公式得
$$\int x\mathrm{e}^x\mathrm{d}x=\int x\mathrm{d}(\mathrm{e}^x)=x\mathrm{e}^x-\int\mathrm{e}^x\mathrm{d}x$$
$$=x\mathrm{e}^x-\mathrm{e}^x+C$$

注 分部积分法要恰当选择 u 和 v，让分部后的积分越来越容易求解.

【例4.29】 求 $\int \ln x \, dx$.

【解】 令 $u = \ln x$, $v' = 1$, $dv = dx$, 即 $v = x$

$$\int \ln x \, dx = x \ln x - \int x \, d\ln x = x \ln x - \int x \cdot \frac{1}{x} dx = x \ln x - x + C$$

【例4.30】 求 $\int x \ln x \, dx$.

【解】 令 $u = \ln x$, $v' = x$, $dv = d(\frac{x^2}{2})$, 即 $v = \frac{x^2}{2}$

$$\int x \ln x \, dx = \int \ln x \, d\frac{x^2}{2} = \frac{x^2}{2} \ln x - \int \frac{x^2}{2} d(\ln x)$$
$$= \frac{x^2}{2} \ln x - \frac{1}{2} \int x \, dx = \frac{x^2}{2} \ln x - \frac{1}{4} x^2 + C$$

【例4.31】 求 $\int e^{\sqrt{x}} dx$.

【解】 令 $\sqrt{x} = t$, 则 $x = t^2$, $dx = 2t \, dt$

于是

$$\int e^{\sqrt{x}} dx = 2 \int t e^t \, dt$$

利用例4.28的结果, 可得

$$2 \int t e^t \, dt = 2(t-1) e^t + C$$
$$= 2(\sqrt{x} - 1) e^{\sqrt{x}} + C$$

例4.31利用了换元法和分部积分法, 有时会将几个方法结合起来使用.

二、微积分基本原理

设函数 $f(x)$ 在区间 $[a,b]$ 上连续, x 为 $[a,b]$ 上一点, 则 $f(x)$ 在区间 $[a,x]$ 上的定积分为

$$\int_a^x f(x) dx$$

这时 x 既表示积分上限, 又表示积分变量. 为了避免混乱, 根据定积分与积分变量的符号无关, 把积分变量 x 改用 t 来表示, 则上式就可以写成

$$\int_a^x f(t) dt$$

对于上限 x 在区间 $[a,b]$ 上的任意一个值, 定积分 $\int_a^x f(t) dt$ 都有一个对应值, 则它在 $[a,b]$ 上定义了一个函数关系, 称为积分上限函数, 记为

$$\Phi(x) = \int_a^x f(t) dt \quad (a \leqslant x \leqslant b)$$

积分上限函数 $\Phi(x)$ 有下面重要的性质.

【定理2】 (微积分第一基本原理) 如果函数 $f(x)$ 在区间 $[a,b]$ 上连续, 则积分上限函数 $\Phi(x) = \int_a^x f(t) dt$ 在区间 $[a,b]$ 上可导, 它的导数为

$$\Phi'(x) = \frac{\mathrm{d}}{\mathrm{d}x}\int_a^x f(t)\,\mathrm{d}t = f(x) \quad (a \leqslant x \leqslant b)$$

(*)【证明】根据导数的定义，即要证明 $\Phi'(x) = \lim\limits_{\Delta x \to 0} \dfrac{\Delta \Phi}{\Delta x} = f(x)$.

对任意 $x \in [a,b]$，设 Δx 足够小，使得 $x + \Delta x \in [a,b]$. 函数 $\Phi(x)$ 在 $x + \Delta x$ 处的函数值为 $\Phi(x + \Delta x) = \int_a^{x+\Delta x} f(t)\mathrm{d}t$，由此可得函数的增量为

$$\begin{aligned}\Delta \Phi &= \Phi(x + \Delta x) - \Phi(x) = \int_a^{x+\Delta x} f(t)\mathrm{d}t - \int_a^x f(t)\mathrm{d}t \\ &= \int_a^x f(t)\mathrm{d}t + \int_x^{x+\Delta x} f(t)\mathrm{d}t - \int_a^x f(t)\mathrm{d}t \\ &= \int_x^{x+\Delta x} f(t)\mathrm{d}t\end{aligned}$$

根据积分中值定理，在 x 与 $x + \Delta x$ 之间至少存在一点 ξ，使得

$$\Delta \Phi = \int_x^{x+\Delta x} f(t)\mathrm{d}t = f(\xi)\Delta x$$

故

$$\frac{\Delta \Phi}{\Delta x} = f(\xi)$$

当 Δx 趋于 0 时，ξ 趋于 x，并由于 $f(x)$ 在区间 $[a,b]$ 上连续，所以

$$\Phi'(x) = \lim_{\Delta x \to 0} \frac{\Delta \Phi}{\Delta x} = \lim_{\xi \to x} f(\xi) = f(x)$$

由定理 2 得出了一个重要结论，连续函数 $f(x)$ 取变上限 x 的定积分然后求导，其结果还是 $f(x)$ 本身. 同时，根据原函数的定义，也可知积分上限函数是连续函数 $f(x)$ 在区间 $[a,b]$ 上的一个原函数.

【推论】 如果函数 $f(x)$ 在区间 $[a,b]$ 上连续，则函数

$$\Phi(x) = \int_a^x f(t)\mathrm{d}t$$

就是 $f(x)$ 在 $[a,b]$ 上的一个原函数.

【例 4.32】 设 $F(x) = \int_0^x \dfrac{\mathrm{e}^{-t^2}}{t+1}\mathrm{d}t \; (x > 0)$，求 $F'(x)$ 及 $F'(0)$.

【解】 $F'(x) = \dfrac{\mathrm{e}^{-x^2}}{x+1}$; $F'(0) = 1$.

【例 4.33】 设 $G(x) = \int_1^x \sin \mathrm{e}^t \mathrm{d}t$，求 $G'(x)$.

【解】 $G'(x) = \left(\int_1^x \sin \mathrm{e}^t \mathrm{d}t\right)' = \sin \mathrm{e}^x$

【例 4.34】 设 $G(x) = \int_1^{2x} \sin \mathrm{e}^t \mathrm{d}t$，求 $G'(x)$.

【解】 $G(x) = \int_1^{2x} \sin \mathrm{e}^t \mathrm{d}t$ 是复合函数，所以要根据复合函数的求导法则来求

$$G'(x) = \left(\int_1^{2x} \sin \mathrm{e}^t \mathrm{d}t\right)' \cdot (2x)' = \sin \mathrm{e}^{2x} \cdot 2 = 2\sin \mathrm{e}^{2x}$$

【例 4.35】 求极限 $\lim\limits_{x \to 0} \dfrac{\int_0^{x^2} \sin t \, dt}{x^4}$.

【解】 这个极限属于 "$\dfrac{0}{0}$" 型，要用洛必达法则计算，有

$$\lim_{x \to 0} \frac{\int_0^{x^2} \sin t \, dt}{x^4} = \lim_{x \to 0} \frac{(\int_0^{x^2} \sin t \, dt)'}{(x^4)'} = \lim_{x \to 0} \frac{\sin x^2 \cdot 2x}{4x^3}$$

$$= \frac{1}{2} \lim_{x \to 0} \frac{\sin x^2}{x^2} = \frac{1}{2}$$

由定积分的定义来计算定积分，需要转化为求和式的极限，过程比较烦琐．本节介绍牛顿-莱布尼茨公式，使定积分的计算转化为求不定积分来实现．

【定理 3】（微积分第二基本原理、牛顿-莱布尼茨（Newton-Leibniz）公式）
如果函数 $F(x)$ 是连续函数 $f(x)$ 在区间 $[a,b]$ 上的一个原函数，则

$$\int_a^b f(x) dx = F(x) \Big|_a^b = F(b) - F(a)$$

上式称为牛顿-莱布尼茨公式。这一公式将定积分的计算问题转化为求原函数，大大简化了定积分的计算过程，也将不定积分与定积分联系起来．

虽然被积函数 $f(x)$ 的原函数有无穷多个，但是任意选取一个都不会影响所求定积分的值，若函数 $F(x)$ 是 $f(x)$ 的一个原函数，$F(x)+C$（C 为常数）也是 $f(x)$ 的原函数，因为

$$[F(b)+C]-[F(a)+C]=F(b)-F(a)$$

所以，一样有

$$\int_a^b f(x) dx = [F(x)+C] \Big|_a^b = F(b) - F(a)$$

注1 以后在利用不定积分计算定积分时直接用不带常数 C 的原函数即可．
通常也把牛顿-莱布尼茨公式称为微积分基本公式．

【例 4.36】 求 $\int_0^1 x^2 dx$．

【解】 $\int_0^1 x^2 dx = \dfrac{x^3}{3} \Big|_0^1 = \dfrac{1}{3}$

【例 4.37】 求 $\int_1^e \dfrac{1}{x} dx$．

【解】 $\int_1^e \dfrac{1}{x} dx = \ln x \Big|_1^e = \ln e - \ln 1 = 1$

【例 4.38】 求 $\int_0^3 |x-1| dx$．

【解】 $\int_0^3 |x-1| dx = \int_0^1 (1-x) dx + \int_1^3 (x-1) dx$

$$= \left(x - \frac{x^2}{2}\right) \Big|_0^1 + \left(\frac{x^2}{2} - x\right) \Big|_1^3 = \frac{1}{2} + 1 = 1\frac{1}{2}$$

注2 若被积函数中带有绝对值，可根据积分性质，先去掉绝对值再进行计算.

（*）三、定积分的换元法及分部积分法

1. 定积分的换元法

【**定理4**】 如果$f(x)$在区间$[a,b]$上连续，函数$x=\varphi(t)$在区间$[\alpha,\beta]$上单调有连续的导数$\varphi'(t)$，且有$\varphi(\alpha)=a$，$\varphi(\beta)=b$. 当t从α变到β时，$x=\varphi(t)$在$[a,b]$上变化，即$\varphi(t)$的值域不超出$[a,b]$，则有

$$\int_a^b f(x)\mathrm{d}x = \int_\alpha^\beta f[\varphi(t)]\varphi'(t)\mathrm{d}t$$

这就是定积分的换元公式，因为换元的同时还要换上下限，所以也简称为"换元同时换限".

【**例4.39**】 求$\int_1^4 \dfrac{1}{x+\sqrt{x}}\mathrm{d}x$.

【**解**】 令$\sqrt{x}=t$，则$x=t^2$，$\mathrm{d}x=2t\mathrm{d}t$

当$x=1$时，$t=1$；当$x=4$时，$t=2$. 也可作下表来换限：

x	1	4
t	1	2

$$\int_1^4 \frac{1}{x+\sqrt{x}}\mathrm{d}x = \int_1^2 \frac{2t}{t^2+t}\mathrm{d}t = 2\int_1^2 \frac{1}{t+1}\mathrm{d}t$$
$$= 2\ln(t+1)\Big|_1^2 = 2(\ln 3 - \ln 2) = 2\ln\frac{3}{2}$$

【**例4.40**】 求$\int_0^{\frac{\pi}{2}} \cos^3 x \sin x \mathrm{d}x$.

【**解**】 令$\cos x = t$，则$\mathrm{d}t = -\sin x \mathrm{d}x$，作下表来换限：

x	0	$\dfrac{\pi}{2}$
t	1	0

于是

$$\int_0^{\frac{\pi}{2}} \cos^3 x \sin x \mathrm{d}x = -\int_1^0 t^3 \mathrm{d}t = \int_0^1 t^3 \mathrm{d}t = \frac{t^4}{4}\Big|_0^1 = \frac{1}{4}$$

【**例4.41**】 证明：

（1）若$f(x)$在闭区间$[-a,a]$（$a>0$）上连续且为偶函数，则

$$\int_{-a}^a f(x)\mathrm{d}x = 2\int_0^a f(x)\mathrm{d}x$$

（2）若$f(x)$在闭区间$[-a,a]$（$a>0$）上连续且为奇函数，则

$$\int_{-a}^a f(x)\mathrm{d}x = 0$$

【**证明**】 因为$\int_{-a}^a f(x)\mathrm{d}x = \int_{-a}^0 f(x)\mathrm{d}x + \int_0^a f(x)\mathrm{d}x$

对积分$\int_{-a}^0 f(x)\mathrm{d}x$作变量代换$x=-t$，可得

$$\int_{-a}^{0} f(x)dx = -\int_{a}^{0} f(-t)dt = \int_{0}^{a} f(-t)dt = \int_{0}^{a} f(-x)dx$$

于是

$$\int_{-a}^{a} f(x)dx = \int_{0}^{a} f(-x)dx + \int_{0}^{a} f(x)dx$$
$$= \int_{0}^{a} [f(x) + f(-x)]dx$$

（1）若 $f(x)$ 为偶函数，则

$$f(x) + f(-x) = f(x) + f(x) = 2f(x)$$

从而

$$\int_{-a}^{a} f(x)dx = 2\int_{0}^{a} f(x)dx$$

（2）若 $f(x)$ 为奇函数，则

$$f(x) + f(-x) = f(x) - f(x) = 0$$

从而

$$\int_{-a}^{a} f(x)dx = 0$$

注 例 4.41 的结论可以用来简化计算偶函数、奇函数在对称于原点的区间上的定积分.

2. 定积分的分部积分法

【定理 5】 设函数 $u = u(x)$，$v = v(x)$ 在区间 $[a,b]$ 上有连续导数 $u'(x)$，$v'(x)$，则有

$$\int_{a}^{b} uv'dx = \int_{a}^{b} udv = uv\Big|_{a}^{b} - \int_{a}^{b} vdu$$

【例 4.42】 求 $\int_{1}^{e^2} \ln x dx$.

【解】
$$\int_{1}^{e^2} \ln x dx = x \ln x \Big|_{1}^{e^2} - \int_{1}^{e^2} x \cdot d\ln x$$
$$= 2e^2 - \int_{1}^{e^2} x \cdot \frac{1}{x} dx$$
$$= 2e^2 - x \Big|_{1}^{e^2}$$
$$= 2e^2 - (e^2 - 1) = e^2 + 1$$

【例 4.43】 求 $\int_{0}^{1} e^{\sqrt{x}} dx$.

【解】 先用换元法. 令 $\sqrt{x} = t$，则 $x = t^2$，$dx = 2tdt$，作下表来换限：

x	0	1
t	0	1

得

$$\int_{0}^{1} e^{\sqrt{x}} dx = 2\int_{0}^{1} te^t dt$$

再用分部积分法

$$2\int_0^1 te^t dt = 2\int_0^1 t de^t = 2[te^t \Big|_0^1 - \int_0^1 e^t dt]$$
$$= 2(e - e^t \Big|_0^1) = 2(e - e + 1) = 2$$

即
$$\int_0^1 e^{\sqrt{x}} dx = 2$$

习题 4.3

1. 单项选择题.

(1) 设 $F(x)$ 是 $f(x)$ 的一个原函数，则 $\int f(1-2x) dx = $ （   ）.

A. $F(1-2x) + C$ 　　　　　　　　　B. $\frac{1}{2} F(1-2x) + C$

C. $-F(1-2x) + C$ 　　　　　　　　 D. $-\frac{1}{2} F(1-2x) + C$

(2) $\int (3+2x)^8 dx = $ （   ）.

A. $\frac{1}{18}(3+2x)^9 + C$ 　　　　　　　 B. $\frac{1}{9}(3+2x)^9 + C$

C. $6(3+2x)^7 + C$ 　　　　　　　　 D. $\frac{1}{2}(3+2x)^9 + C$

(3) $\int \sin 3x dx = $ （   ）.

A. $\frac{1}{3}\cos 3x + C$ 　　B. $-\frac{1}{3}\cos 3x + C$ 　　C. $-\cos 3x + C$ 　　D. $\cos 3x + C$

(4) $\int (1 - \frac{1}{x^2}) e^{x+\frac{1}{x}} dx = $ （   ）.

A. $e^x + e^{\frac{1}{x}}$ 　　B. $e^x + e^{\frac{1}{x}} + C$ 　　C. $e^{x+\frac{1}{x}} + C$ 　　D. $e^{x+\frac{1}{x}}$

(5) $\int \frac{x}{\sqrt{1+x^2}} dx = $ （   ）.

A. $-\sqrt{1+x^2} + C$ 　　B. $\sqrt{1+x^2} + C$ 　　C. $\ln(1+x^2) + C$ 　　D. $(1+x^2)^{\frac{3}{2}} + C$

(6) $\int \cos^3 x \sin x dx = $ （   ）.

A. $\frac{1}{4}\cos^4 x + C$ 　　B. $\frac{1}{4}\cos^4 x$ 　　C. $-\frac{1}{4}\cos^4 x + C$ 　　D. $-\frac{1}{4}\cos^4 x$

(7) $\int \frac{\ln x}{x} dx = $ （   ）.

A. $\ln \ln x + C$ 　　B. $\ln \ln x$ 　　C. $\frac{1}{2}(\ln x)^2 + C$ 　　D. $\frac{1}{2}(\ln x)^2$

(8) $\int \frac{e^x}{e^{2x}+1} dx = $ （   ）.

A. $\ln(e^{2x}+1)+C$ B. $\arctan(e^x)+C$ C. $\arctan x + C$ D. $\tan e^x + C$

(9) $\int \dfrac{1}{3+2x}dx = (\quad)$.

A. $\dfrac{1}{2}\ln|3+2x|+C$ B. $\ln|3+2x|+C$ C. $-\dfrac{1}{(3+2x)^2}$ D. $-\dfrac{2}{(3+2x)^2}$

(10) $\int \dfrac{x}{\sqrt{2-x^2}}dx = (\quad)$.

A. $\sqrt{2-x^2}$ B. $\sqrt{2-x^2}+C$ C. $-\sqrt{2-x^2}+C$ D. $-\sqrt{2-x^2}$

2. 计算下列不定积分.

(1) $\int e^{2x+3}dx$;

(2) $\int \dfrac{1}{(3x+5)^2}dx$;

(3) $\int \sqrt{1+2x}dx$;

(4) $\int \dfrac{x}{\sqrt{x^2-4}}dx$;

(5) $\int \dfrac{dx}{e^{-x}+e^x}$;

(6) $\int (e^{3x}+e^{2x}+1)e^x dx$;

(7) $\int \dfrac{dx}{x^2+9}$;

(8) $\int \dfrac{1}{4-x^2}dx$;

(9) $\int \sin^3 x \cos^3 x dx$;

(10) $\int e^x \sin e^x dx$;

(11) $\int \sin^3 x dx$;

(12) $\int \dfrac{x^3}{1+x^2}dx$;

(13) $\int \dfrac{x}{\sqrt{x+1}}dx$;

(14) $\int \dfrac{dx}{1+\sqrt{x+2}}$;

(15) $\int \dfrac{dx}{(1+\sqrt[3]{x})\cdot\sqrt{x}}$;

(16) $\int \dfrac{1}{\sqrt{9+x^2}}dx$;

(17) $\int x^2 e^x dx$;

(18) $\int x^2 \cos x dx$;

(19) $\int x^2 \ln x dx$;

(20) $\int x \ln x dx$.

3. 计算下列定积分.

(1) $\int_{-1}^{2} \dfrac{x}{x+3}dx$;

(2) $\int_{4}^{9} \dfrac{\sqrt{x}}{\sqrt{x}-1}dx$;

(3) $\int_{0}^{1} \dfrac{dx}{4-3x}$;

(4) $\int_{0}^{1} \cos(\dfrac{\pi}{2}x)dx$;

(5) $\int_{0}^{4} \dfrac{dx}{1+\sqrt{x}}$;

(6) $\int_{0}^{\frac{\pi}{4}} \tan^2\theta d\theta$;

(7) $\int_{\frac{\sqrt{2}}{2}}^{1} \dfrac{\sqrt{1-x^2}}{x^2}dx$;

(8) $\int_{3}^{8} \dfrac{dx}{\sqrt{x+1}-\sqrt{(x+1)^3}}$;

(9) $\int_{1}^{2} x(\ln x)^2 dx$;

(10) $\int_{0}^{\pi} (1-\sin^3 x)dx$;

(11) $\int_{0}^{a} x^2\sqrt{a^2-x^2}dx, (a>0)$;

(12) $\int_{1}^{\sqrt{2}} \sqrt{2-x^2}dx$;

(13) $\int_1^4 \dfrac{\mathrm{d}x}{1+\sqrt{x}}$;

(14) $\int_1^{e^2} \dfrac{1}{x\sqrt{1+\ln x}}\mathrm{d}x$;

(15) $\int_0^{\frac{\pi}{2}} x\sin x\mathrm{d}x$;

(16) $\int_1^e x\ln x\mathrm{d}x$;

(17) $\int_1^e (\ln x)^3 \mathrm{d}x$;

(18) $\int_0^{\frac{\pi}{2}} e^x \sin x\mathrm{d}x$;

(19) $\int_{\frac{\pi}{4}}^{\frac{\pi}{2}} x\csc^2 x\mathrm{d}x$;

(20) $\int_0^{\ln 2} xe^{-x}\mathrm{d}x$.

4. 求导数.

(1) 设 $\varPhi(x)=\int_0^{2x} f(t)\mathrm{d}t$,求 $\varPhi'(x)$;

(2) 设 $\varPhi(x)=\int_0^x te^{-t^2}\mathrm{d}t$,求 $\varPhi'(x)$;

(3) 设 $\varPhi(x)=\int_{\sin x}^2 \dfrac{1}{1+t^2}\mathrm{d}t$,求 $\varPhi'(x)$;

(4) 设 $\varPhi(x)=\int_0^{x^2} e^t\mathrm{d}t$,求 $\varPhi'(x)$;

(5) 设 $\varPhi(x)=\int_x^1 \sin t\mathrm{d}t$,求 $\varPhi'(x)$.

5. 求极限.

(1) $\lim\limits_{x\to 0}\dfrac{\int_0^x \cos t^2\mathrm{d}t}{x}$;

(2) $\lim\limits_{x\to 0}\dfrac{\int_0^x \sin t\mathrm{d}t}{x^2}$.

6. 求定积分.

(1) $\int_{-\pi}^{\pi} \dfrac{\sin^3 x}{1+2\cos x}\mathrm{d}x$;

(2) $\int_{-\frac{\pi}{2}}^{\frac{\pi}{2}} x\cos^3 x\mathrm{d}x$;

(3) $\int_{-\pi}^{\pi} \sin x\mathrm{d}x$;

(4) $\int_{-\frac{\pi}{2}}^{\frac{\pi}{2}} \cos^3 x\mathrm{d}x$.

4.4 定积分的应用

一、定积分在几何上的应用

1. 直角坐标系下平面图形的面积

①若 $f(x)\geqslant 0$,如图 4.9 所示,则平面图形面积为
$$S=\int_a^b f(x)\mathrm{d}x$$

②若 $f(x)<0$,如图 4.10 所示,则平面图形面积为
$$S=\left|\int_a^b f(x)\mathrm{d}x\right|=-\int_a^b f(x)\mathrm{d}x$$

图 4.9

图 4.10

③若 $f(x)$ 在 $[a,b]$ 内既有 $f(x) \geq 0$，又有 $f(x) < 0$，如图 4.11 所示，则平面图形的面积为

$$S = \int_a^{c_1} f(x)\mathrm{d}x + \left|\int_{c_1}^{c_2} f(x)\mathrm{d}x\right| + \int_{c_2}^b f(x)\mathrm{d}x$$

④在 $[a,b]$ 内，若 $f(x) \geq g(x)$，如图 4.12 所示，则平面图形的面积为

$$S = \int_a^b [f(x) - g(x)]\mathrm{d}x$$

【例 4.44】 求由 $y = \dfrac{1}{x}$ 与直线 $x = 1$，$x = 2$ 及 x 轴所围成的平面图形面积.

【解】（1）作图，如图 4.13 所示；

图 4.11　　　　　图 4.12　　　　　图 4.13

（2）被积函数是 $y = \dfrac{1}{x}$，积分下限是 1，上限是 2；

（3）计算 $S = \int_1^2 \dfrac{1}{x}\mathrm{d}x = \ln|x|\Big|_1^2 = \ln 2$.

【例 4.45】 求由抛物线 $y = x^2$ 与直线 $y = -x + 2$ 所围成的平面图形的面积.

【解】①先解方程组

$$\begin{cases} y = x^2 \\ y = -x + 2 \end{cases}$$

得到交点坐标为 $A(-2, 4)$ 和 $B(1, 1)$.

②作图，如图 4.14 所示.

③确定被积函数 $f(x) = y_1(x) - y_2(x) = [(-x + 2) - x^2]$ 的上、下限，由交点 $A(-2, 4)$，$B(1, 1)$，可知积分下限为 -2，上限为 1.

④计算.

$$S = \int_{-2}^{1}[(-x+2)-x^2]dx = \int_{-2}^{1}(2-x-x^2)dx$$
$$= (2x - \frac{1}{2}x^2 - \frac{1}{3}x^3)\Big|_{-2}^{1} = \frac{9}{2}$$

【例 4.46】 求抛物线 $y^2 = 2x$ 与直线 $y = x - 4$ 所围成的图形的面积.

【解】 ①先解方程组 $\begin{cases} y^2 = 2x \\ y = x - 4 \end{cases}$

得交点坐标 $A(8,4)$，$B(2,-2)$.

②作图，如图 4.15 所示.

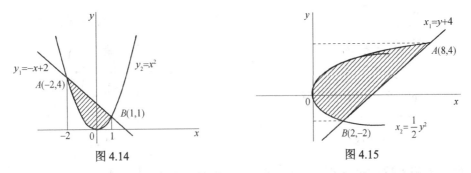

图 4.14　　　　　　　　　图 4.15

③确定被积函数和积分上、下限. 根据图形特点，本题选取对 y 积分，被积函数为 $x_1(y) - x_2(y) = (y+4) - \frac{1}{2}y^2$，即 $S = \int_c^d [x_1(y) - x_2(y)]dy$，由交点 $A(8,4)$，$B(2,-2)$ 可知积分下限为-2，上限为 4.

④计算.

$$S = \int_{-2}^{4}[(y+4) - \frac{1}{2}y^2]dy$$
$$= (\frac{1}{2}y^2 + 4y - \frac{1}{6}y^3)\Big|_{-2}^{4} = 18$$

2. 旋转体的体积

旋转体是指由一个平面图形绕该平面内一条直线旋转一周所得的立体.

旋转体的体积计算的思路与求曲边梯形面积的思路一致，通过分割、近似计算、求和、取极限这四步可得旋转体的体积计算公式. 这种思路也称微元法.

设立体是由连续曲线 $x = \varphi(y)$，直线 $y = c$，$y = d$ 及 y 轴所围成的平面图形（如图 4.16 所示）绕 y 轴旋转一周所生成的旋转体（如图 4.17 所示），所求体积为 $V = \pi \int_c^d \varphi^2(y)dy$.

【例 4.47】 求由 $y = \sqrt{x}$，$x = 4$ 及 x 轴所围成的平面图形（见图 4.18）绕 x 轴旋转一周所生成的旋转体的体积.

图 4.16

图 4.17

【解】①作图,如图 4.18 及图 4.19 所示;

图 4.18

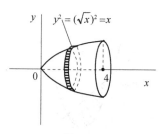

图 4.19

②确定被积函数:$y^2 = f^2(x) = (\sqrt{x})^2 = x$,积分下限 0,上限 4;

③计算 $V = \pi \int_0^4 (\sqrt{x})^2 \mathrm{d}x = \pi \int_0^4 x \mathrm{d}x = \pi \cdot \dfrac{x^2}{2} \Big|_0^4 = 8\pi$.

【例 4.48】 求由 $y = x^3$,$y = 8$ 及 y 轴所围成的图形绕 y 轴旋转一周所生成的旋转体体积.

【解】①作图,如图 4.20 及图 4.21 所示;

图 4.20

图 4.21

②确定被积函数:$x^2 = (\sqrt[3]{y})^2 = y^{\frac{2}{3}}$,积分下限 0,上限 8;

③计算 $V = \pi \int_0^8 x^2 \mathrm{d}y = \pi \int_0^8 y^{\frac{2}{3}} \mathrm{d}y = \pi \cdot \dfrac{3}{5} \cdot y^{\frac{5}{3}} \Big|_0^8 = 19\dfrac{1}{5}\pi$.

3. 直角坐标系下平面曲线的弧长

设曲线弧由直角坐标方程 $y = f(x)$（$a \leqslant x \leqslant b$）给出，其中，$f(x)$ 在 $[a,b]$ 上具有一阶连续导数. 取 x 为积分变量，在它的变化区间 $[a,b]$ 上任取子区间 $[x, x+\mathrm{d}x]$，相应的小段弧 MN 的长度 Δl 可用曲线在点 $M(x, f(x))$ 处切线的一小段 MT 的长度来近似代替，如图 4.22 所示，即

$$\Delta l \approx |MT| = \sqrt{(\mathrm{d}x)^2 + (\mathrm{d}y)^2} = \sqrt{1 + (y')^2}\,\mathrm{d}x$$

于是所求弧长为

$$l = \int_a^b \sqrt{1 + (y')^2}\,\mathrm{d}x$$

图 4.22

【例 4.49】 计算曲线 $y = \dfrac{2}{3}x^{\frac{3}{2}}$ 上 x 从 0 到 8 的一段弧的长度.

【解】 $y' = x^{\frac{1}{2}}$，于是所求弧长为

$$l = \int_0^8 \sqrt{1 + (x^{\frac{1}{2}})^2}\,\mathrm{d}x = \int_0^8 \sqrt{1 + x}\,\mathrm{d}x = \frac{2}{3}(1+x)^{\frac{3}{2}}\bigg|_0^8$$

$$= \frac{2}{3} \times (1+8)^{\frac{3}{2}} - \frac{2}{3} = 17\frac{1}{3}$$

二、定积分在物理上的应用

1. 变力做功

如果物体沿 Ox 轴方向运动时，受到的是变力 $F(x)$（力的方向为 x 轴的正向）. 那么物体从 $x = a$ 移动到 $x = b$ 时，变力 $F(x)$ 所做的功为

$$W = \int_a^b F(x)\,\mathrm{d}x$$

2. 液体的侧压力

一面积为 A 的平板铅直地置于 $1\mathrm{m}^3$、重量为 γ 的液体中，平板的曲边为 $y = f(x)$

$(a \leqslant x \leqslant b)$. 则平板所受的压力为

$$P = \gamma \int_a^b x f(x) \mathrm{d}x$$

【例 4.50】 一个梯形闸门一条边的方程为 $f(x) = -\dfrac{x}{2} + 8$ ($4 \leqslant x \leqslant 8$)，置于 $\gamma = 9800$ (N/m^3) 的水下 4 m 到 8 m 处，求闸门这一侧所受的压力.

【解】 所受的压力为

$$\begin{aligned} P &= \gamma \int_4^8 x f(x) \mathrm{d}x = 9800 \int_4^8 x\left(-\frac{x}{2} + 8\right) \mathrm{d}x \\ &= 9800 \int_4^8 \left(-\frac{x^2}{2} + 8x\right) \mathrm{d}x \\ &= 9800\left(-\frac{x^3}{6} + 4x^2\right)\bigg|_4^8 \\ &= \frac{352}{3} \times 9800 \approx 1.15 \times 10^6 (\text{N}) \end{aligned}$$

三、经济应用问题举例

定积分在经济活动中具有广泛的应用，主要是在已知某经济函数的边际函数的条件下，求原经济函数的改变量时，就可以用定积分来解决.

【定义 1】 边际产量 $Q'(x)$ 为时间 t 的函数，则在时间变动区间 $[t_1, t_2]$ 上总产量的增量 ΔQ 为

$$\Delta Q = Q(t_2) - Q(t_1) = \int_{t_1}^{t_2} Q'(x) \mathrm{d}x$$

【定义 2】 边际成本函数 $C'(x)$，固定成本为 $C(0)$，则产量 x 的总成本函数为

$$C(x) = \int C'(x) \mathrm{d}x$$

其中，积分常数为 $C(0)$.

【定义 3】 边际成本函数 $C'(x)$ 在产量 x 的变动区间 $[a,b]$ 的改变量（增量）ΔC 等于它在区间 $[a,b]$ 上的定积分.

$$\Delta C = C(b) - C(a) = \int_a^b C'(x) \mathrm{d}x$$

同理可做如下定义.

【定义 4】 边际收入函数 $R'(x)$ 在产量 x 的变动区间 $[a,b]$ 的改变量（增量）ΔR 等于它在区间 $[a,b]$ 上的定积分.

$$\Delta R = R(b) - R(a) = \int_a^b R'(x) \mathrm{d}x$$

【定义 5】 边际利润函数 $L'(x)$ 在产量 x 的变动区间 $[a,b]$ 的改变量（增量）ΔR 等于它在区间 $[a,b]$ 上的定积分.

$$\Delta L = L(b) - L(a) = \int_a^b L'(x)\mathrm{d}x$$

其中，利润函数为 $L(x) = R(x) - C(x)$，边际利润为 $L'(x) = R'(x) - C'(x)$.

【例 4.51】 设某产品每月生产 x 件时的总成本 $C(x)$ 的变化率 $C'(x) = 0.2x + 100$（元/件）. 求产量从 1000 到 2000 所增加的总成本.

【解】
$$\int_{1000}^{2000} C'(x)\mathrm{d}x = \int_{1000}^{2000}(0.2x+100)\mathrm{d}x = (0.1x^2 + 100x)\Big|_{1000}^{2000}$$
$$= (0.1 \times 2000^2 + 100 \times 2000) - (0.1 \times 1000^2 + 100 \times 1000)$$
$$= 600000 - 200000 = 400000(元)$$

【例 4.52】 生产某产品，边际产量为时间 t 的函数，已知边际产量函数为 $f(t) = 300 + 16t - 0.6t^2$（千件/小时），求从 $t=1$ 到 $t=6$ 这 5 个小时的总产量.

【解】 因为总产量 $Q(t)$ 是边际产量 $f(t)$ 的原函数. 因此，从 $t=1$ 到 $t=6$ 这 5 个小时的总产量是

$$\int_1^6 f(t)\mathrm{d}t = \int_1^6 (300 + 16t - 0.6t^2)\mathrm{d}t$$
$$= (300t + 8t^2 - 0.2t^3)\Big|_1^6$$
$$= (300 \times 6 + 8 \times 6^2 - 0.2 \times 6^3) - (300 \times 1 + 8 \times 1^2 - 0.2 \times 1^3)$$
$$= 2044.8 - 307.8 = 1737(千件)$$

【例 4.53】 已知生产某产品 x 件的边际收入是 $r(x) = 200 - \dfrac{x}{100}$（元/件），求生产 2000 件到 3000 件时所增加的收入.

【解】 设总收入函数为 $R(x)$，产量从 2000 件到 3000 件所增加的收入为

$$R(3000) - R(2000) = \int_{2000}^{3000} r(x)\mathrm{d}x$$
$$= \int_{2000}^{3000}\left(200 - \frac{x}{100}\right)\mathrm{d}x$$
$$= \left(200x - \frac{x^2}{200}\right)\Big|_{2000}^{3000}$$
$$= \left(200 \times 3000 - \frac{3000^2}{200}\right) - \left(200 \times 2000 - \frac{2000^2}{200}\right)$$
$$= 555000 - 380000 = 175000(元)$$

习题 4.4

1. 求抛物线 $y = 3 - x^2$ 与直线 $y = 2x$ 所围图形的面积.

2. 求由曲线 $y = \dfrac{1}{x}$，直线 $y = x, x = 2$ 所围成的图形的面积.

3. 求曲线 $y = \sin x$ 和 $y = \cos x$ 与 x 轴在区间 $\left[0, \dfrac{\pi}{2}\right]$ 上所围平面图形的面积 A，以及该平面图形绕 x 轴一周所得的旋成体体积 V_x.

4. 求由 $y = x^2$ 和 $y^2 = 8x$ 所围成图形分别绕 x 轴和 y 轴旋转所得旋成体的体积.

5. 一个曲边梯形由 $y = x^2 - 1$，x 轴和直线 $x = -1$，$x = \dfrac{1}{2}$ 所围成，求此曲边梯形的面积.

6. 由曲线 $y = e^x$，y 轴与直线 $y = ex$ 所围成的图形绕 x 轴旋转，计算所得旋成体的体积.

7. 计算抛物线 $y^2 = 2x$ 与直线 $y = x - 4$ 所围成的图形的面积.

8. 求由 $y = \sqrt{x}$，$y = 0$，$x = 4$ 围成的平面图形绕 y 轴旋转而成的旋成体的体积.

9. 求曲线 $y = \dfrac{1}{x}$ 与直线 $x = 1$，$x = 2$ 及 $y = 0$ 所围成的平面图形绕 x 轴旋转而成的旋成体的体积.

10. 设生产某种产品 x（百台）时的边际成本 $C'(x) = 4 + \dfrac{x}{4}$（万元/百台），边际收益 $R'(x) = 8 - x$（万元/百台），求产量由 100 台增加到 500 台时的总成本与总收益各增加多少？

4.5 无限区间上的广义积分

前文所介绍的定积分，函数 $f(x)$ 是定义在闭区间 $[a,b]$ 上的有界连续函数，这类积分，也称为常义积分. 除这类积分外，我们还需研究函数在无限区间上的积分，或在有限区间内不连续且无界的函数的积分，称为广义积分.

一、无限区间上的广义积分

【定义 1】 如果 $f(x)$ 在区间 $[a, +\infty)$ 上连续，取 $b > a$，则称

$$\lim_{b \to +\infty} \int_a^b f(x)\mathrm{d}x$$

为 $f(x)$ 在区间 $[a, +\infty)$ 的广义积分，记为

$$\int_a^{+\infty} f(x)\mathrm{d}x = \lim_{b \to +\infty} \int_a^b f(x)\mathrm{d}x$$

如果上述极限存在，则称广义积分 $\int_a^{+\infty} f(x)\mathrm{d}x$ 收敛，否则称为发散. 同理可以定义广义积分.

$$\int_{-\infty}^b f(x)\mathrm{d}x = \lim_{a \to -\infty} \int_a^b f(x)\mathrm{d}x \quad (a < b)$$

$$\int_{-\infty}^{+\infty} f(x)\mathrm{d}x = \lim_{a \to -\infty} \int_a^c f(x)\mathrm{d}x + \lim_{b \to +\infty} \int_c^b f(x)\mathrm{d}x \quad (a < c < b)$$

【例 4.54】 求 $\int_0^{+\infty} e^{-x} dx$.

【解】
$$\int_0^{+\infty} e^{-x} dx = \lim_{b \to +\infty} \int_0^b e^{-x} dx$$
$$= \lim_{b \to +\infty} (-e^{-x}) \Big|_0^b$$
$$= \lim_{b \to +\infty} (-e^{-b} + 1) = 1$$

故 $\int_0^{+\infty} e^{-x} dx$ 收敛于 1.

【例 4.55】 求 $\int_1^{+\infty} \frac{1}{x} dx$.

【解】
$$\int_1^{+\infty} \frac{1}{x} dx = \lim_{b \to +\infty} \int_1^b \frac{1}{x} dx$$
$$= \lim_{b \to +\infty} \ln x \Big|_1^b = \infty$$

故 $\int_1^{+\infty} \frac{1}{x} dx$ 发散.

【例 4.56】 求 $\int_{-\infty}^{+\infty} \frac{1}{1+x^2} dx$

【解】
$$\int_{-\infty}^{+\infty} \frac{1}{1+x^2} dx = \int_{-\infty}^0 \frac{1}{1+x^2} dx + \int_0^{+\infty} \frac{1}{1+x^2} dx$$
$$= \lim_{a \to -\infty} \int_a^0 \frac{1}{1+x^2} dx + \lim_{b \to +\infty} \int_0^b \frac{1}{1+x^2} dx$$
$$= \lim_{a \to -\infty} (\arctan x \Big|_a^0) + \lim_{b \to +\infty} (\arctan x \Big|_0^b)$$
$$= -\lim_{a \to -\infty} \arctan a + \lim_{b \to +\infty} \arctan b$$
$$= -(-\frac{\pi}{2}) + \frac{\pi}{2} = \pi$$

二、无界函数的广义积分

【定义 2】 如果函数 $f(x)$ 在区间 $(a,b]$ 上连续，且 $\lim_{x \to a^+} f(x) = \infty$，取 $\varepsilon > 0$，则称
$$\lim_{\varepsilon \to 0} \int_{a+\varepsilon}^b f(x) dx$$

为 $f(x)$ 在 $(a,b]$ 上的广义积分，即

$$\int_a^b f(x) dx = \lim_{\varepsilon \to 0} \int_{a+\varepsilon}^b f(x) dx$$

若上述极限存在，则称广义积分收敛，否则发散。$x=a$ 点称为瑕点。

同理，若 $x=b$ 为瑕点，则可定义 $f(x)$ 在 $[a,b)$ 上的广义积分

$$\int_a^b f(x)\mathrm{d}x = \lim_{\varepsilon \to 0}\int_a^{b-\varepsilon} f(x)\mathrm{d}x$$

若 $c \in [a,b]$，且 $x = c$ 为瑕点，可定义 $f(x)$ 在 $[a,b]$ 上的广义积分

$$\int_a^b f(x)\mathrm{d}x = \lim_{\varepsilon \to 0}\int_a^{c-\varepsilon} f(x)\mathrm{d}x + \lim_{\varepsilon \to 0}\int_{c+\varepsilon}^b f(x)\mathrm{d}x$$

【例 4.57】 求 $\int_0^1 \dfrac{1}{\sqrt{x}}\mathrm{d}x$.

【解】 因为 $\lim\limits_{x \to 0}\dfrac{1}{\sqrt{x}} = \infty$，所以 $x = 0$ 为瑕点，于是

$$\int_0^1 \dfrac{1}{\sqrt{x}}\mathrm{d}x = \lim_{\varepsilon \to 0}\int_{0+\varepsilon}^1 \dfrac{1}{\sqrt{x}}\mathrm{d}x = \lim_{\varepsilon \to 0}2\sqrt{x}\Big|_{\varepsilon}^1$$
$$= 2\lim_{\varepsilon \to 0}(1 - \sqrt{\varepsilon}) = 2$$

【例 4.58】 求 $\int_0^1 \dfrac{1}{1-x}\mathrm{d}x$.

【解】 因为 $\lim\limits_{x \to 1}\dfrac{1}{1-x} = \infty$，所以 $x = 1$ 为瑕点，于是

$$\int_0^1 \dfrac{1}{1-x}\mathrm{d}x = \lim_{\varepsilon \to 0}\int_0^{1-\varepsilon}\dfrac{-1}{1-x}\mathrm{d}(1-x)$$
$$= -\lim_{\varepsilon \to 0}(\ln|1-x|)\Big|_0^{1-\varepsilon} = -\lim_{\varepsilon \to 0}\ln \varepsilon = +\infty$$

故 $\int_0^1 \dfrac{1}{1-x}\mathrm{d}x$ 发散.

【例 4.59】 求 $\int_{-1}^1 \dfrac{1}{x^2}\mathrm{d}x$.

【解】 因为 $\lim\limits_{x \to 0}\dfrac{1}{x^2} = \infty$，所以 $x = 0$ 为瑕点，于是

$$\int_{-1}^1 \dfrac{1}{x^2}\mathrm{d}x = \int_{-1}^0 \dfrac{1}{x^2}\mathrm{d}x + \int_0^1 \dfrac{1}{x^2}\mathrm{d}x$$

而

$$\int_0^1 \dfrac{1}{x^2}\mathrm{d}x = \lim_{\varepsilon \to 0}\int_{0+\varepsilon}^1 \dfrac{1}{x^2}\mathrm{d}x = -\lim_{\varepsilon \to 0}\dfrac{1}{x}\Big|_{\varepsilon}^1$$
$$= -\lim_{\varepsilon \to 0}(1 - \dfrac{1}{\varepsilon}) = +\infty$$

同理

$$\int_{-1}^0 \dfrac{1}{x^2}\mathrm{d}x = +\infty$$

故 $\int_{-1}^1 \dfrac{1}{x^2}\mathrm{d}x$ 发散.

习题 4.5

1. 单项选择题.

(1) 广义积分 $\int_1^{+\infty} \dfrac{dx}{\sqrt{x}}$ （　　）.

A. 发散　　　　　B. 收敛　　　　　C. 收敛于 2　　　　　D. 敛散性不能确定

(2) 广义积分 $\int_0^1 \dfrac{dx}{x^p}$ 当（　　）.

A. $p>1$ 时收敛，$p \leqslant 1$ 时发散　　　　B. $p \geqslant 1$ 时收敛，$p<1$ 时发散

C. $p<1$ 时收敛，$p \geqslant 1$ 时发散　　　　D. $p \leqslant 1$ 时收敛，$p>1$ 时发散

(3) 下列广义积分收敛的是（　　）.

A. $\int_1^{+\infty} \dfrac{dx}{\sqrt{x}}$　　　B. $\int_0^2 \dfrac{dx}{(1-x)^2}$　　　C. $\int_1^{+\infty} \dfrac{1}{1+x} dx$　　　D. $\int_0^a \dfrac{dx}{\sqrt{a^2-x^2}}$ $(a>0)$

(4) 广义积分 $\int_{-\infty}^{+\infty} \dfrac{2x}{1+x^2} dx$ （　　）.

A. 发散　　　　　B. 收敛　　　　　C. 收敛于 π　　　　　D. 收敛于 $\dfrac{\pi}{2}$

(5) 下列广义积分中发散的是（　　）.

A. $\int_0^{+\infty} e^{-x} dx$　　　　　　　　B. $\int_0^{+\infty} \dfrac{1}{1+x^2} dx$

C. $\int_1^{+\infty} \dfrac{1}{\sqrt{x}} dx$　　　　　　　　D. $\int_0^1 \dfrac{1}{\sqrt{x}} dx$

(6) 广义积分 $\int_1^{+\infty} x e^{-x^2} dx = $（　　）.

A. $\dfrac{1}{2e}$　　　　B. $-\dfrac{1}{2e}$　　　　C. e　　　　D. $+\infty$

(7) 广义积分 $\int_2^{+\infty} \dfrac{dx}{x(\ln x)^2}$ （　　）.

A. 发散　　　　B. 收敛于 1　　　　C. 收敛于 $\dfrac{1}{\ln 2}$　　　　D. 敛散性不能判定

(8) 广义积分 $\int_{-1}^1 \dfrac{1}{x^2} dx$ （　　）.

A. 收敛于 -2　　　B. 收敛于 2　　　C. 发散　　　D. 敛散性不能确定

(9) 广义积分 $\int_2^{+\infty} \dfrac{1}{x(\ln x)^k} dx$（$k$ 为常数）收敛，则 k 满足（　　）.

A. $k<1$　　　　B. $k \leqslant 1$　　　　C. $k>1$　　　　D. $k \geqslant 1$

(10) 广义积分 $\int_1^{+\infty} \dfrac{1}{x^2} dx$ （　　）.

A. 收敛于 1　　　B. 发散　　　C. 敛散性不能确定　　　D. 收敛于 2

2. 求下列广义积分.

(1) $\int_{-\infty}^{-1}\dfrac{1}{x^2}\mathrm{d}x$;

(2) $\int_{1}^{+\infty}\dfrac{1}{\sqrt{x}}\mathrm{d}x$;

(3) $\int_{0}^{+\infty}x\mathrm{e}^{-x^2}\mathrm{d}x$;

(4) $\int_{0}^{1}\ln x\mathrm{d}x$;

(5) $\int_{0}^{1}\dfrac{1}{\sqrt{1-x}}\mathrm{d}x$;

(6) $\int_{-1}^{1}\dfrac{\mathrm{d}x}{\sqrt{1-x^2}}$;

(7) $\int_{1}^{+\infty}\dfrac{1}{1+x^2}\mathrm{d}x$.

4.6 常微分方程*

函数是客观事物内部联系在数量方面的反映，在建立函数关系时，经常遇到含有所求函数及其导数或微分的关系式，这就是微分方程. 如何利用不定积分的知识求解微分方程就是本节要学习的内容.

一、微分方程的基本概念

【例 4.60】 一曲线通过点 $(1,1)$ 且在曲线上任一点 $M(x,y)$ 处的切线斜率等于 $3x^2$，求曲线的方程.

【解】 设所求曲线方程为 $y=f(x)$，由题意有

$$\begin{cases}\dfrac{\mathrm{d}y}{\mathrm{d}x}=3x^2 & (4\text{-}1)\\ y\big|_{x=1}=1 & (4\text{-}2)\end{cases}$$

对式（4-1）两端积分，得

$$y=\int 3x^2\mathrm{d}x$$

即
$$y=x^3+C \tag{4-3}$$

其中，C 是任意常数.

把式（4-2）代入（4-3），得 $C=0$. 因此，所求曲线方程为

$$y=x^3 \tag{4-4}$$

【例 4.61】 某商品需求量 Q 对价格 P 的弹性为 $\dfrac{\mathrm{E}Q}{\mathrm{E}P}=-2P$，又知该商品的最大需求量为 1，求需求量 Q 对价格 P 的函数关系.

【解】 根据弹性的定义，可知所求函数关系 $Q=Q(P)$ 应满足方程

$$\dfrac{P}{Q}\cdot\dfrac{\mathrm{d}Q}{\mathrm{d}P}=-2P$$

即
$$\dfrac{\mathrm{d}Q}{Q}=-2\mathrm{d}P \tag{4-5}$$

此外，由最大需求量为 1 知，$Q = Q(P)$ 还应该满足 $Q(0) = 1$．对式（4-5）两端积分，得
$$\ln Q = -2P + C \tag{4-6}$$
再把 $Q(0) = 1$ 代入式（4-6）得 $C = 0$，因此所求函数关系为
$$\ln Q = -2P$$
即
$$Q = \mathrm{e}^{-2P} \tag{4-7}$$

上述两个例子中，式（4-1）和（4-5）都含有未知函数的导数，它们都是微分方程．

含有未知函数的导数（或微分）的方程，称为**微分方程**．

如果微分方程中未知函数是一元函数，称其为**常微分方程**．例如，$y \ln x \mathrm{d}x + x \ln y \mathrm{d}y = 0$，$y''' = 3x$，$\dfrac{\mathrm{d}^2 s}{\mathrm{d}t^2} = g$ 均为常微分方程，本章重点讨论常微分方程．

注意：在微分方程中，自变量及未知函数可以不出现，但未知函数的导数（或微分）必须出现．

微分方程中，未知函数的导数或微分的最高阶数，称为**微分方程的阶**．如式（4-1）和（4-5）都是一阶微分方程，$y'' + y = 0$ 是二阶微分方程．

一般地，n 阶微分方程的形式是 $F(x, y, y', \cdots, y^{(n)}) = 0$．$F(x, y, y') = 0$ 和 $F(x, y, y', y'') = 0$ 分别是一阶微分方程和二阶微分方程．

将式（4-3）、式（4-4）代入到式（4-1）中，可以使方程成立，这种满足微分方程的函数称为**微分方程的解**．

如果微分方程解中所含的任意常数的个数和微分方程的阶数相等，这种解称为**通解**．

如式（4-3）是方程（4-1）的通解，式（4-6）是方程（4-5）的通解，$y = x^3 + C_1 x + C_2$（C_1 和 C_2 是相互独立的常数）是微分方程 $y'' = 6x$ 的通解．

用来确定通解中任意常数的条件，如式（4-2）称为方程（4-1）**初始条件**；而任意常数都取得定值后确定的解称为微分方程的**特解**．

通过初始条件式（4-2），可以确定方程（4-3）中的常数 C 而得到式（4-4），式（4-4）是方程（4-1）的特解；由条件 $y|_{x=0} = 2$，$y'|_{x=1} = 4$ 可得到方程 $y'' = 6x$ 的特解 $y = x^3 + x + 2$．

一般来说，求微分方程的解通常是比较困难的，每种类型的方程都有特定的解法．我们先讨论一类可通过直接积分求解的微分方程，它的一般形式为
$$y^{(n)} = f(x)$$

【**例 4.62**】 求微分方程 $y'' = x - 1$ 满足 $y|_{x=1} = -\dfrac{1}{3}$ 和 $y'|_{x=1} = \dfrac{1}{2}$ 的特解．

【**解**】 因为 y' 是 y'' 的原函数，$x - 1$ 是 x 的函数，对方程两边求不定积分，得
$$y' = \int (x-1) \mathrm{d}x = \frac{1}{2} x^2 - x + C_1 \tag{4-8}$$

对式（4-8）两边再求不定积分，得
$$y = \frac{1}{6} x^3 - \frac{1}{2} x^2 + C_1 x + C_2 \tag{4-9}$$

在式（4-9）中含有两个独立的任意常数 C_1 和 C_2．于是式（4-9）就是方程 $y''=x-1$ 的通解．下面求满足初始条件 $y|_{x=1}=-\dfrac{1}{3}$ 和 $y'|_{x=1}=\dfrac{1}{2}$ 的特解，只要把初始条件分别代入式（4-8）和式（4-9），得

$$\begin{cases} \dfrac{1}{2}-1+C_1=\dfrac{1}{2} \\ \dfrac{1}{6}-\dfrac{1}{2}+C_1+C_2=-\dfrac{1}{3} \end{cases}$$

解此方程组，得 $C_1=1$，$C_2=-1$，因此微分方程的特解为

$$y=\dfrac{1}{6}x^3-\dfrac{1}{2}x^2+x-1$$

二、可分离变量的微分方程

形如

$$\dfrac{\mathrm{d}y}{\mathrm{d}x}=f(x)g(y) \quad \text{或} \quad M_1(x)N_1(y)\mathrm{d}x+M_2(x)N_2(y)\mathrm{d}y=0 \qquad (4\text{-}10)$$

的一阶微分方程称为**可分离变量的微分方程**．

这类微分方程的求解步骤如下：

（1）分离变量，得

$$\dfrac{\mathrm{d}y}{g(y)}=f(x)\mathrm{d}x \quad (g(y)\neq 0)$$

（2）两边积分，得

$$\int\dfrac{\mathrm{d}y}{g(y)}=\int f(x)\mathrm{d}x$$

若 $\dfrac{1}{g(y)}$ 和 $f(x)$ 的一个原函数分别是 $G(y)$ 和 $F(x)$，则微分方程 $\dfrac{\mathrm{d}y}{\mathrm{d}x}=f(x)g(y)$ 的通解如下：

$$G(y)=F(x)+C \quad (C\text{ 为任意常数})$$

【**例 4.63**】 求微分方程 $y'+\dfrac{x}{y}=0$ 的通解，并求满足条件 $y|_{x=3}=4$ 的特解．

【**解**】 把原方程改写为

$$\dfrac{\mathrm{d}y}{\mathrm{d}x}=-\dfrac{x}{y}$$

分离变量，得

$$y\mathrm{d}y=-x\mathrm{d}x$$

两边积分，得

$$\int y\mathrm{d}y=-\int x\mathrm{d}x$$

$$\frac{1}{2}y^2 = -\frac{1}{2}x^2 + C_1$$

化简为
$$y^2 = -x^2 + 2C_1$$

得方程的通解为
$$y^2 + x^2 = C \quad (\text{其中}, \ C = 2C_1)$$

把初始条件 $y|_{x=3} = 4$ 代入上式，求得 $C = 25$，于是所求方程的特解为
$$y^2 + x^2 = 25$$

【例 4.64】 求方程 $\dfrac{\mathrm{d}y}{\mathrm{d}x} = 2xy$ 的通解.

【解】 将已知方程分离变量，得
$$\frac{\mathrm{d}y}{y} = 2x\mathrm{d}x$$

两边积分，得
$$\int \frac{\mathrm{d}y}{y} = \int 2x\mathrm{d}x$$
$$\ln|y| = x^2 + C_1$$

于是
$$|y| = \mathrm{e}^{x^2 + C_1} = \mathrm{e}^{C_1}\mathrm{e}^{x^2}$$

即
$$y = \pm \mathrm{e}^{C_1}\mathrm{e}^{x^2}$$

令 $C = \pm \mathrm{e}^{C_1}$，于是方程的解为
$$y = C\mathrm{e}^{x^2} \quad (C \text{ 为非零实数})$$

显然，$y = 0$ 也是方程的解，于是方程通解为 $y = C\mathrm{e}^{x^2}$（C 为任意常数）.

注意：在解微分方程过程中，若使用公式 $\int \dfrac{1}{x}\mathrm{d}x = \ln|x| + C$ 时，可以略去绝对值记号.

【例 4.65】 解方程 $(\mathrm{e}^{x+y} - \mathrm{e}^x)\mathrm{d}x + (\mathrm{e}^{x+y} + \mathrm{e}^y)\mathrm{d}y = 0$.

【解】 分离变量，得
$$\mathrm{e}^x(\mathrm{e}^y - 1)\mathrm{d}x + \mathrm{e}^y(\mathrm{e}^x + 1)\mathrm{d}y = 0$$

即
$$\frac{\mathrm{e}^y}{\mathrm{e}^y - 1}\mathrm{d}y = -\frac{\mathrm{e}^x}{\mathrm{e}^x + 1}\mathrm{d}x$$

两边积分，得
$$\int \frac{\mathrm{e}^y}{\mathrm{e}^y - 1}\mathrm{d}y = -\int \frac{\mathrm{e}^x}{\mathrm{e}^x + 1}\mathrm{d}x$$
$$\ln(\mathrm{e}^y - 1) = -\ln(\mathrm{e}^x + 1) + \ln C_1 \quad (C_1 \text{ 为非负实数})$$

即
$$(\mathrm{e}^y - 1)(\mathrm{e}^x + 1) = C \quad (C = \pm C_1, \text{ 为任意实数})$$

【例 4.66】 设生产某产品的边际利润为 $L'(x) = x^2 - 2x$，其中 x 为产品数量，求利润函数.

【解】 由题意，边际利润为
$$\frac{\mathrm{d}L(x)}{\mathrm{d}x} = x^2 - 2x$$

即
$$dL(x) = (x^2 - 2x)dx$$
两端积分得
$$L(x) = \frac{1}{3}x^3 - x^2 + C$$

由问题的实际意义知，有 $L(0) = 0$，代入上式，得 $C = 0$，故利润函数为
$$L(x) = \frac{1}{3}x^3 - x^2$$

三、一阶线性微分方程

形如
$$\frac{dy}{dx} + p(x)y = q(x) \quad 或 \quad y' + p(x)y = q(x) \tag{4-11}$$

的方程称为**一阶线性微分方程**，其中 $p(x)$ 和 $q(x)$ 为已知函数.

当 $q(x) = 0$ 时，有
$$\frac{dy}{dx} + p(x)y = 0 \tag{4-12}$$

称为**一阶线性齐次方程**. 当 $q(x) \neq 0$ 时，方程（4-11）称为**一阶线性非齐次方程**.

例如，下列一阶微分方程
$$3y' + 2y = x^2$$
$$y' + \frac{1}{x}y = \frac{\sin x}{x}$$
$$y' + (\sin x)y = 0$$

所含的 y' 和 y 都是一次的且不含有 $y' \cdot y$ 项，所以它们都是线性微分方程. 这三个方程中，前两个是非齐次的，而最后一个是齐次的.

又如，下列一阶微分方程：
$$y' - y^2 = 0 \quad (y^2 \text{不是} y \text{的一次式})$$
$$yy' + y = x \quad (\text{含有} y \cdot y' \text{项，它不是} y \text{或} y' \text{的一次式})$$
$$y' - \sin y = 0 \quad (\sin y \text{不是} y \text{的一次式})$$

都不是一阶线性微分方程.

1. 一阶线性齐次方程

一阶线性齐次方程求解方法如下：
$$\frac{dy}{dx} + p(x)y = 0$$

将变量分离得到
$$\frac{dy}{y} = -p(x)dx$$

两边积分得
$$\ln|y| = -\int p(x)\mathrm{d}x + C_1$$
于是一阶线性齐次方程（4-12）的通解公式为
$$y = C\mathrm{e}^{-\int p(x)\mathrm{d}x} \ (C\text{ 为任意常数}) \tag{4-13}$$

说明：按不定积分的定义，$\int p(x)\mathrm{d}x$ 内包含了积分常数，但在式（4-13）中积分常数已先提出于积分运算之外，因此式（4-13）中的不定积分 $\int p(x)\mathrm{d}x$ 只表示了 $p(x)$ 的一个原函数.

2. 一阶线性非齐次方程

方程（4-11）的通解与对应齐次方程（4-12）的通解有一定的联系，我们可以把方程（4-12）中的任意常数 C 换为待定的函数 $C(x)$，再通过确定 $C(x)$ 求方程（4-11）的通解，这就是**常数变异法**.

具体做法如下：

①把一阶线性齐次方程通解（见式（4-13））中的常数 C 换成 x 的函数，即设 $C = C(x)$，则
$$y = C(x)\mathrm{e}^{-\int p(x)\mathrm{d}x}$$

②求出 y'，并将 y 及 y' 代入一阶线性非齐次方程（4-11）有
$$C'(x)\mathrm{e}^{-\int p(x)\mathrm{d}x} - C(x)p(x)\mathrm{e}^{-\int p(x)\mathrm{d}x} + C(x)p(x)\mathrm{e}^{-\int p(x)\mathrm{d}x} = q(x)$$

整理有
$$C'(x) = q(x)\mathrm{e}^{\int p(x)\mathrm{d}x} \tag{4-14}$$

③积分得
$$C(x) = \int q(x)\mathrm{e}^{\int p(x)\mathrm{d}x}\mathrm{d}x + C$$

④将 $C(x)$ 代回 $y = C(x)\mathrm{e}^{-\int p(x)\mathrm{d}x}$，得一阶线性非齐次方程（4-11）的通解公式为
$$y = \mathrm{e}^{-\int p(x)\mathrm{d}x}\left(\int q(x)\mathrm{e}^{\int p(x)\mathrm{d}x}\mathrm{d}x + C\right) \tag{4-15}$$

其中，各个不定积分都只表示其被积函数的某个原函数.

式（4-15）也可以写为
$$y = \mathrm{e}^{-\int p(x)\mathrm{d}x}\int q(x)\mathrm{e}^{\int p(x)\mathrm{d}x}\mathrm{d}x + C\mathrm{e}^{-\int p(x)\mathrm{d}x} \tag{4-16}$$

式（4-16）中，右端第二项恰好是方程（4-11）所对应的线性齐次方程（4-12）的通解，而第一项可以看作通解公式（4-15）中令 $C = 0$ 得到的一个特解. 由此可知：一阶线性非齐次方程的通解等于它的一个特解与对应的线性齐次方程的通解之和.

【**例 4.67**】 求 $\dfrac{\mathrm{d}y}{\mathrm{d}x} - 3y = \mathrm{e}^{2x}$ 的通解.

【**解**】 方法一：常数变异法.

由 $\dfrac{\mathrm{d}y}{\mathrm{d}x}-3y=0$，分离变量得 $\dfrac{\mathrm{d}y}{y}=3\mathrm{d}x$，积分后得 $y=C\mathrm{e}^{3x}$.

令原方程的通解为 $y=C(x)\mathrm{e}^{3x}$，代入式（4-14）得
$$C'(x)=\mathrm{e}^{-x}$$

于是
$$C(x)=-\mathrm{e}^{-x}+C$$

原方程的通解为
$$y=\mathrm{e}^{3x}(-\mathrm{e}^{-x}+C)=-\mathrm{e}^{2x}+C\mathrm{e}^{3x}$$

方法二：公式法.

由于 $p(x)=-3$，$q(x)=\mathrm{e}^{2x}$，代入公式（4-15）得通解如下：
$$y=\mathrm{e}^{\int 3\mathrm{d}x}\left(\int \mathrm{e}^{2x}\mathrm{e}^{-\int 3\mathrm{d}x}\mathrm{d}x+C\right)=\mathrm{e}^{3x}\left(\int \mathrm{e}^{-x}\mathrm{d}x+C\right)=\mathrm{e}^{3x}\left(-\mathrm{e}^{-x}+C\right)=-\mathrm{e}^{2x}+C\mathrm{e}^{3x}$$

可以看出公式法比常数变异法简单些，但必须熟记公式（4-15），而常数变异法只要知道其思路即可求出解，在实际做题时用两种方法中的哪一种均可.

【例 4.68】 求方程
$$x^2\mathrm{d}y+(2xy-x+1)\mathrm{d}x=0$$

满足初始条件 $y|_{x=1}=0$ 特解.

【解】 原方程可改写为
$$\dfrac{\mathrm{d}y}{\mathrm{d}x}+\dfrac{2}{x}y=\dfrac{x-1}{x^2}$$

这是一阶非齐次线性方程，对应的齐次方程是
$$\dfrac{\mathrm{d}y}{\mathrm{d}x}+\dfrac{2}{x}y=0$$

根据公式得它的通解为
$$y=C\dfrac{1}{x^2}$$

用常数变易法，设非齐次方程的通解为
$$y=C(x)\dfrac{1}{x^2}$$

则，代入式（4-14）得
$$C'(x)=x-1$$

两边积分，得
$$C(x)=\dfrac{1}{2}x^2-x+C$$

因此，非齐次方程的通解为
$$y=\dfrac{1}{2}-\dfrac{1}{x}+\dfrac{C}{x^2}$$

将初始条件 $y|_{x=1}=0$ 代入上式，求得 $C=\dfrac{1}{2}$，故所求微分方程的特解为
$$y=\dfrac{1}{2}-\dfrac{1}{x}+\dfrac{1}{2x^2}$$

【例 4.69】 已知某种商品的需求价格弹性为 $\dfrac{EQ}{EP}=\dfrac{P}{Q}\mathrm{e}^{-P}-1$，其中，$P$ 为价格，Q 为需求量，且当 $P=1$ 时，需求量 $Q=1$. 试求：（1）需求函数关系；（2）当价格无限增大时，需求量的趋向是否稳定.

【解】 （1）设需求函数为 $Q=Q(P)$，根据题意有
$$P\dfrac{Q'(P)}{Q(P)}=\dfrac{P}{Q(P)}\mathrm{e}^{-P}-1$$
即
$$Q'(P)+\dfrac{1}{P}Q(P)=\mathrm{e}^{-P}$$

此微分方程的通解为
$$Q(P)=\mathrm{e}^{-\int\frac{1}{P}\mathrm{d}P}\left[\int\mathrm{e}^{-P}\mathrm{e}^{\int\frac{1}{P}\mathrm{d}P}\mathrm{d}P+C\right]=\dfrac{1}{P}\left[-(P+1)\mathrm{e}^{-P}+C\right]$$

将 $Q(1)=1$ 代入，得 $C=1+\dfrac{2}{\mathrm{e}}$，故所求需求函数为
$$Q(P)=-\dfrac{P+1}{P}\mathrm{e}^{-P}+\dfrac{1}{P}\left(1+\dfrac{2}{\mathrm{e}}\right)$$

（2）由
$$\lim_{P\to+\infty}Q(P)=\lim_{P\to+\infty}\left[-\dfrac{P+1}{P}\mathrm{e}^{-P}+\dfrac{1}{P}\left(1+\dfrac{2}{\mathrm{e}}\right)\right]=0$$

知当价格无限增大时，需求量稳定地趋于 0.

【例 4.70】 设某产品的利润 L 与广告费 x 的函数关系 $L=L(x)$ 满足微分方程
$$\dfrac{\mathrm{d}L}{\mathrm{d}x}=k(N-L)$$
且 $L(0)=L_0 (0<L_0<N)$，其中，k 和 N 为已知正常数. 试求利润 L 与广告费 x 的函数关系.

【解】 分离变量得
$$\dfrac{\mathrm{d}L}{N-L}=k\mathrm{d}x$$
两边积分得
$$-\ln(N-L)=kx+C_1$$
即
$$N-L=\mathrm{e}^{-(kx+C_1)}=C\mathrm{e}^{-kx}$$

其中，$C=\mathrm{e}^{-C_1}$，即所求利润 L 与广告费 x 的函数关系为 $L=N-C\mathrm{e}^{-kx}$.

由 $L(0)=L_0$，得 $C=N-L_0$，于是有 $L=N-(N-L_0)\mathrm{e}^{-kx}$.

因为 $0<L_0<N$，$(N-L_0)\mathrm{e}^{-kx}>0$，$0<L<N$，所以由方程 $\dfrac{\mathrm{d}L}{\mathrm{d}x}=k(N-L)$ 知，$\dfrac{\mathrm{d}L}{\mathrm{d}x}>0$，$L$ 是 x 的单调增函数，且 $\lim\limits_{x\to+\infty}L(x)=N$，即利润 L 随广告费 x 增加而趋于常数 N. 显然，广

告是一种提高产品利润的手段,但其作用是有限的.

【例 4.71】 **环境污染问题** 设某水库的现有库存量为 V(单位:km^3),水库已被严重污染. 经计算,目前污染物总量已达 Q_0(单位:吨),且污染物均匀地分散在水中. 如果不再向水库排污,清水以不变的速度 r(单位:km^3/年)流入水库,并立即与水库内的水相混合,同时,水库内的水也以速度 r 流出. 记当前时刻为 $t=0$. 求

(1) 在时刻 t,水库中残留污染物的数量 $Q(t)$;

(2) 需经多少年才能使水库中污染物的数量降至原来的10%.

【解】(1) 根据题意,在时刻 $t(t \geq 0)$,$Q(t)$ 的变化率 = - 污染物流出速度. 其中,负号表示禁止排污后,Q 将随时间逐渐减少. 这时,污染物的浓度为 $Q(t)/V$. 因为水库的水以速度 r 流出,所以

$$\text{污染物流出速度} = \text{污水流出速度} \times \frac{Q}{V} = \frac{rQ}{V}$$

由此可得微分方程

$$\frac{dQ}{dt} = -\frac{r}{V}Q$$

这是一个可分离变量的微分方程. 可得通解为

$$Q = Ce^{-\frac{r}{V}t} \quad (C \text{ 为任意常数})$$

由题意,初始条件为 $Q|_{t=0} = Q_0$,代入上式,得 $C = Q_0$,故微分方程的特解为

$$Q = Q_0 e^{-\frac{r}{V}t}$$

(2) 当水库中污染物的数量降至原来的10%时,有 $Q(t) = 0.1Q_0$,代入上式得

$$0.1Q_0 = Q_0 e^{-\frac{r}{V}t}$$

解得

$$t = -\frac{V}{r}\ln 0.1 \approx \frac{2.30V}{r} \quad (\text{年})$$

例如,当水库的库存量 $V = 500$(km^3),流入(出)速度为 150(km^3/年)时,可得 $t \approx 7.6$(年).

【例 4.72】 **指数增长模型** 英国人口学家马尔萨斯的生物总数增长定律指出:在孤立的生物群体中,生物总数 $N(t)$ 的变化率与生物总数成正比,求生物总数 $N(t)$ 随时间 t 变化的规律.

【解】 由已知条件可得马尔萨斯人口模型,即微分方程

$$\begin{cases} \dfrac{dN(t)}{dt} = rN(t), \\ N(t_0) = N_0 \end{cases} \quad (\text{其中, } r \text{ 为常数,表示自然增长率}) \quad (4-17)$$

方程(4-17)的特解为

$$N(t) = N_0 e^{r(t-t_0)} \quad (4-18)$$

因此，遵循马尔萨斯生物总数增长定律的任何生物都是随时间按指数方式增长的．作为特殊的生物总群，人口增长也应满足马尔萨斯生物总数增长定律，因此式（4-17）称为马尔萨斯人口方程，也称为指数增长模型．

事实上，直接用式（4-18）计算，误差较大，主要原因是人口的增长率 r 不是常数，它是随时间而变化的，可设 $r = r(t) = A - B(t - t_0)$ 为时变人口增长率，其中，A, B 为常参数．得到 Logistic 人口模型：

$$\begin{cases} \dfrac{\mathrm{d}N(t)}{\mathrm{d}t} = [A - B(t - t_0)]N(t) \\ N(t_0) = N_0 \end{cases} \qquad (4\text{-}19)$$

方程（4-19）的特解为

$$N(t) = N_0 \mathrm{e}^{A(t-t_0) - \frac{1}{2}B(t-t_0)^2}$$

习题 4.6

1. 指出下列各题中所给的函数是否为所给微分方程的解？若是解，则是通解还是特解？

（1）微分方程 $xy' + y = \mathrm{e}^x$，函数 $y = \dfrac{\mathrm{e}^x}{x}$；

（2）微分方程 $xy'' + y' = 0$，函数 $y = C_1 \ln x + C_2$．

2. 根据已给的初始条件，确定下列函数关系式中的任意常数．

（1）$\mathrm{e}^x + \mathrm{e}^{-y} = C$，$y|_{x=1} = -2$；

（2）$y = (C_1 + C_2 x)\mathrm{e}^{2x}$，$y|_{x=0} = 0$，$y'|_{x=0} = 1$．

3. 求下列微分方程的解．

（1）$y' = xy$；

（2）$(y+1)\mathrm{d}x + (x-1)\mathrm{d}y = 0$；

（3）$y \ln x \mathrm{d}x + x \ln y \mathrm{d}y = 0$；

（4）$xyy' = 1 - x^2$；

（5）$\dfrac{\mathrm{d}y}{\mathrm{d}x} = 5^{x+y}$，$y|_{x=1} = 0$；

（6）$\dfrac{\mathrm{d}x}{y} + \dfrac{\mathrm{d}y}{x} = 0$，$y|_{x=3} = 4$；

（7）$\dfrac{x}{1+y}\mathrm{d}x - \dfrac{y}{1+x}\mathrm{d}y = 0$，$y|_{x=1} = 0$；

（8）$x\mathrm{d}y - 3y\mathrm{d}x = 0$，$y|_{x=1} = 1$．

4. 求下列微分方程的解．

（1）$\dfrac{\mathrm{d}y}{\mathrm{d}x} = \dfrac{1+x^2}{2x^2 y}$；

（2）$y' + 2y = \mathrm{e}^{-x}$；

（3）$y' + \dfrac{2}{x}y - \dfrac{x}{a} = 0$；

（4）$y' - 3xy = 2x$；

（5）$y' - \dfrac{2}{x+1}y = (x+1)^3$；

（6）$y' - \dfrac{2}{x}y = x^2 \sin 3x$；

（7）$\dfrac{\mathrm{d}y}{\mathrm{d}x} + \dfrac{y}{x} = \dfrac{\sin x}{x}$，$y|_{x=\pi} = 1$；

（8）$\dfrac{\mathrm{d}y}{\mathrm{d}x} - y \tan x = \sec x$，$y|_{x=0} = 0$；

(9) $y' - \dfrac{2}{x}y = \dfrac{1}{2}x$，$y|_{x=1} = 2$；　　　　(10) $xy' + y - e^x = 0$，$y|_{x=a} = b$．

5. 一曲线通过点 $(1,1)$，且曲线上任意点 $M(x,y)$ 处的切线与直线 OM 垂直，求此曲线的方程.

6. 设物体运动的速度与物体到原点的距离成正比，已知物体在10s时与原点相距100m，在15s时与原点相距200m，求物体的运动规律.

7. 某商品需求量 Q 对价格 P 的弹性为 $-P\ln 2$，已知该商品的最大需求量（即价格为零时的需求量）为200，求需求量 Q 与价格 P 的函数关系.

8. 某产品的利润 L 与广告费 x 的函数关系 $L = L(x)$ 满足微分方程 $L' = b - a(x+L)$，其中，a,b 为已知正常数，且 $L(0) = L_0 > 0$，试求 $L(x)$.

综合练习 4

一、填空题

1. $\int f(x)\mathrm{d}x = 3\mathrm{e}^{\frac{x}{3}} + C$，则 $f(x) = $ ＿＿＿＿＿＿＿．

2. $\int \dfrac{\mathrm{d}x}{\sqrt{1-2x}} = $ ＿＿＿＿＿＿＿．

3. 设 $k \neq 0$ 为常数，则 $\int k\mathrm{d}x = $ ＿＿＿＿＿＿＿．

4. 设 $\int f(x)\mathrm{d}x = \ln[\sin(3x+1)] + C$，则 $f(x) = $ ＿＿＿＿＿＿＿．

5. $\int \dfrac{1}{x^2}\cos\dfrac{2}{x}\mathrm{d}x = $ ＿＿＿＿＿＿＿．

6. 若 $\int f(x)\mathrm{d}x = F(x) + C$，则 $\int \mathrm{e}^{-x}f(\mathrm{e}^{-x})\mathrm{d}x = $ ＿＿＿＿＿＿＿．

7. $\int \dfrac{1+\cos x}{x+\sin x}\mathrm{d}x = $ ＿＿＿＿＿＿＿．

8. $\int \left(\dfrac{1}{1+x^2} - \dfrac{1}{\sqrt{1-x^2}}\right)\mathrm{d}x = $ ＿＿＿＿＿＿＿．

9. 设 $F(x)$ 是 $f(x)$ 的一个原函数，则 $\int f(1-2x)\mathrm{d}x = $ ＿＿＿＿＿＿＿．

10. 设 $f(x) = \ln x$，则 $\int \dfrac{1}{x^2}f'\left(\dfrac{1}{x}\right)\mathrm{d}x = $ ＿＿＿＿＿＿＿．

11. 如果 $\int f(x)\mathrm{d}x = x\ln x + C$，则 $f(x) = $ ＿＿＿＿＿＿＿．

12. $\int \mathrm{e}^x \mathrm{d}\mathrm{e}^{-\frac{x}{2}} = $ ＿＿＿＿＿＿＿．

13. $\int \mathrm{d}(1-\cos x) = $ ＿＿＿＿＿＿＿．

14. $\int \dfrac{x^2}{1+x^6}\mathrm{d}x = $ ＿＿＿＿＿＿＿．

15. $\int_{-1}^{0} |x|\mathrm{d}x = $ ＿＿＿＿＿＿＿．

16. $\int_{-a}^{a} x[f(x)+f(-x)]dx = $ _____.

17. 设 $f(x) = \int_0^x \sqrt{\sin t}\,dt$，则 $f'(x) = $ _____.

18. $\dfrac{d}{dx}\int_0^x \sin\sqrt{2}\,dt = $ _____.

19. $x(y')^2 - 2yy' + x = 0$ 是 _____ 阶微分方程.

20. 方程 $\dfrac{dy}{dx} = 2x$ 的解是 _____.

二、选择题

1. $\int 2^{3x}dx = $ (   ).

   A. $\dfrac{1}{3}\dfrac{2^{3x}}{\ln 2}+C$ B. $\dfrac{1}{3}(\ln 2)2^{3x}+C$ C. $\dfrac{1}{3}2^{3x}+C$ D. $\dfrac{2^{3x}}{\ln 2}+C$

2. $\int dF'(x) = $ (   ).

   A. $F(x)$ B. $F(x)+C$ C. $F'(x)$ D. $F'(x)+C$

3. $\int \dfrac{dy}{(2y-3)^2} = $ (   ).

   A. $-\dfrac{1}{6(2y-3)^3}+C$ B. $\dfrac{1}{6(2y-3)^3}+C$

   C. $\dfrac{1}{2y-3}+C$ D. $-\dfrac{1}{2(2y-3)}+C$

4. 设 $a > 0$，则 $\int \dfrac{1}{\sqrt{a^2-x^2}}dx = $ (   ).

   A. $\arctan x + 1$ B. $\arctan x + C$ C. $\arcsin\dfrac{x}{a}+1$ D. $\arcsin\dfrac{x}{a}+C$

5. $\int (x+\dfrac{1}{x})^2 dx = $ (   ).

   A. $\dfrac{1}{3}(x+\dfrac{1}{x})^3+C$ B. $\dfrac{x^3}{3}-\dfrac{1}{x}+C$ C. $\dfrac{1}{3}x^3+2x-\dfrac{1}{x}+C$ D. $(\dfrac{x^2}{2}+\ln x)^2+C$

6. 设 $\int f(x)dx = \sec x + C$，则 $f(x) = $ (   ).

   A. $\tan x$ B. $\tan^2 x$ C. $\sec x \cdot \tan x$ D. $\sec x \cdot \tan^2 x$

7. 设 $f(x)$ 的一个原函数是 x^2，则 $\int xf(x)dx = $ (   ).

   A. $\dfrac{x^3}{3}+C$ B. x^5+C C. $\dfrac{2}{3}x^3+C$ D. $\dfrac{x^5}{15}+C$

8. $\int_1^2 3^x dx - \int_0^1 3^x dx = $ (   ).

   A. > 0 B. < 0 C. $= 0$ D. 不能确定

9. 若 $\int_0^1 (3x^2 + k)dx = 2$，则 $k = $ (   ).

   A. 0   B. -1 C. 1   D. 2

10. 下列广义积分中发散的是（　　）.

A. $\int_0^{+\infty} e^{-x} dx$　　B. $\int_1^{+\infty} \frac{1}{x^2} dx$　　C. $\int_e^{+\infty} \frac{1}{x\ln x} dx$　　D. $\int_0^{+\infty} \frac{1}{1+x^2} dx$

11. 下列广义积分收敛的是（　　）.

A. $\int_0^{+\infty} 2^x dx$　　B. $\int_0^{+\infty} e^x dx$　　C. $\int_0^{+\infty} x dx$　　D. $\int_0^{+\infty} \frac{1}{1+x^2} dx$

12. 设 $I_1 = \int_0^1 x^2 dx, I_2 = \int_0^1 x^3 dx$，则（　　）.

A. $I_1 = I_2$　　B. $I_1 > I_2$　　C. $I_1 < I_2$　　D. $I_2 = 2I_1$

三、计算题

1. 求下列不定积分.

(1) $\int \frac{dx}{x^2 \sqrt{x^2-9}}$；

(2) $\int \frac{\ln(1+x)}{\sqrt{x}} dx$；

(3) $\int x^2 \ln(x+1) dx$；

(4) $\int \frac{(1-2x)^2}{x(1+4x^2)} dx$；

(5) $\int \frac{\sin 2x}{\cos^2 x} dx$；

(6) $\int x \sin x \cos x dx$；

(7) $\int \frac{\cos 2x}{1+\sin x \cos x} dx$；

(8) $\int x^3 e^{-x^2} dx$；

(9) $\int e^{\sqrt{2x-1}} dx$；

(10) $\int \frac{\sqrt{2-x^2}}{x^2} dx$；

(11) $\int \frac{\sec^2(\ln x)}{x} dx$；

(12) $\int \frac{1}{(1+x)(2+x)} dx$；

(13) $\int (\cos x - \sin x)^2 dx$；

(14) $\int x\sqrt{3x+2} dx$；

(15) $\int \frac{e^{2x}}{1+e^x} dx$；

(16) $\int \sec x(\sec x - \tan x) dx$；

(17) $\int \csc x(\csc x - \cot x) dx$；

(18) $\int \frac{\sec^2 x}{4+\tan^2 x} dx$.

2. 求极限.

(1) $\lim\limits_{x \to 0^+} \frac{\int_0^x \ln(t+e^t) dt}{1-\cos x}$；

(2) $\lim\limits_{x \to 0} \frac{\int_0^x t\cos t dt}{x^2}$.

3. 计算下列定积分.

(1) $\int_0^{\frac{\pi}{2}} \sqrt{\cos x - \cos^3 x} dx$；

(2) $\int_1^{\sqrt{3}} \frac{dx}{x^2\sqrt{1+x^2}}$；

(3) $\int_0^{\pi} x^2 \cos 2x dx$；

(4) $\int_1^2 x \ln\sqrt{x} dx$；

(5) $\int_0^2 \frac{dx}{\sqrt{x+1}+\sqrt{(x+1)^3}}$；

(6) $\int_0^{2\pi} e^{2x} \cos x dx$；

(7) $\int_1^4 \dfrac{dx}{x(1+\sqrt{x})}$；

(8) $\int_0^1 \dfrac{\sqrt{x}}{1+\sqrt{x}}dx$；

(9) $\int_0^{\frac{\pi}{2}} \cos^5 x \sin x dx$；

(10) $\int_0^1 e^{-2x^2+\ln x}dx$；

(11) $\int_1^2 \dfrac{1}{x^2+x}dx$；

(12) $\int_1^e \dfrac{1}{x}\sqrt{1+\ln x}dx$；

(13) $\int_{-1}^1 (x+\sqrt{1-x^2})^2 dx$；

(14) $\int_{-2}^2 \dfrac{x+|x|}{2+x^2}dx$；

(15) $\int_{-1}^0 \dfrac{3x^4+3x^2+1}{x^2+1}dx$；

(16) $\int_0^\pi \sqrt{\sin^3 x - \sin^5 x}\,dx$.

四、证明题

1. 证明：函数 $y_1 = (e^x+e^{-x})^2$ 和 $y_2 = (e^x-e^{-x})^2$ 都是同一个函数的原函数.

2. 证明：$\int_0^1 x^m(1-x)^n dx = \int_0^1 x^n(1-x)^m dx$.

3. 证明：$\dfrac{d}{dx}\int_a^x (x-t)f'(t)dt = f(x)-f(a)$.

4. 证明：$\int_0^{\frac{\pi}{2}} \sin^n x dx = \int_0^{\frac{\pi}{2}} \cos^n x dx$，其中，$n$ 为正整数.

五、应用题

1. 求由曲线 $y=\sqrt{x}$，直线 $x+y=6$ 和 x 轴所围成的平面图形的面积.

2. 设 D 是由曲线 $y=\dfrac{1}{x}$，直线 $x=-e, x=-1$ 和 x 轴所围成的平面区域，试求：

（1）D 的面积；

（2）D 绕 x 轴旋转所成的旋成体的体积.

3. 求抛物线 $y^2=4x$ 与直线 $x=1$ 所围成的平面图形分别绕 x 轴和 y 轴旋转一周所得旋成体的体积 V_x 和 V_y.

4. 求由曲线 $y=\dfrac{1}{x}$，直线 $y=4x$ 及 $x=2$ 所围成的平面图形的面积.

5. 求由曲线 $xy=1$ 与直线 $y=2$，$x=3$ 所围成的平面图形的面积.

6. 设平面图形由 $y=e^x$，$y=e$，$x=0$ 所围成，求此平面图形的面积.

7. 设某商店售出 x 台数码相机时的边际利润为 $L'(x)=12.5-\dfrac{x}{80}$ $(x\geqslant 0)$，求销售量从 30 台增加到 60 台所增加的利润.

8. 设某产品总产量的变化率是 t 的函数 $\dfrac{dQ}{dt}=3t^2+6t$（件/天），求从第 3 天到第 7 天的产量.

第5章 矩阵及其应用

学习目标

1. 熟悉几种特殊矩阵.
2. 掌握矩阵的运算：包括线性运算、乘法、转置及其运算规律；掌握方阵的幂、对称矩阵、逆矩阵的概念及运算性质，矩阵方程及其解法；掌握矩阵的初等变换、初等矩阵、求逆矩阵的初等变换法.
3. 掌握行列式的定义、性质及运算.
4. 掌握方阵行列式的应用，掌握克莱姆法则.
5. 掌握齐次线性方程组解的结构，非齐次线性方程组解的结构，线性代数方程组的应用.

矩阵是一个非常重要的数学工具. 在自然科学、工程技术，以及生产实际中有大量问题与矩阵有关，可通过对矩阵的研究获得解决. 本章介绍矩阵的有关知识.

5.1 矩阵

一、矩阵的概念

【引例】 张三和李四到附近一家小吃店去吃早饭，张三要了 2 个包子、1 个面包和 1 杯牛奶，李四要了 4 个包子和 2 杯牛奶，已知包子的价格是 5 角，面包的价格是 2 元，牛奶的价格是 1 元. 请问，他们各自应付多少钱？

简单列成表格，即为

	包子	面包	牛奶
张三	2	1	1
李四	4	0	2

名称	包子	面包	牛奶
单价（元）	0.5	2	1

上述两个表可以写成 A(二行三列)、B(三行一列)数表的形式，如下：

$$A = \begin{pmatrix} 2 & 1 & 1 \\ 4 & 0 & 2 \end{pmatrix}, \quad B = \begin{pmatrix} 0.5 \\ 2 \\ 1 \end{pmatrix}$$

像上述数表一样，给出如下的矩阵定义.

【定义 1】 由 $m \times n$ 个数 a_{ij} $(i=1,2,\cdots,m, j=1,2,\cdots,n)$ 排成一个 m 行 n 列的矩形数表

$$\begin{pmatrix} a_{11} & a_{12} & \cdots & a_{1n} \\ a_{21} & a_{22} & \cdots & a_{2n} \\ \vdots & \vdots & & \vdots \\ a_{m1} & a_{m2} & \cdots & a_{mn} \end{pmatrix} \text{ 或 } \begin{bmatrix} a_{11} & a_{12} & \cdots & a_{1n} \\ a_{21} & a_{22} & \cdots & a_{2n} \\ \vdots & \vdots & & \vdots \\ a_{m1} & a_{m2} & \cdots & a_{mn} \end{bmatrix}$$

称为 m 行 n 列矩阵，简称 $m \times n$ 矩阵，其中 a_{ij} 称为矩阵的第 i 行第 j 列的元素. i 称为元素 a_{ij} 的行标，j 称为元素 a_{ij} 的列标. 通常用大写字母 $\boldsymbol{A}, \boldsymbol{B}, \boldsymbol{C}, \cdots$ 或 $(a_{ij})\cdots$ 表示矩阵，例如，上述矩阵可以记作 $\boldsymbol{A}$ 或 $\boldsymbol{A}_{m \times n}$，有时也记作 $\boldsymbol{A} = (a_{ij})_{m \times n}$.

几种特殊的矩阵.

① 方阵：矩阵 $\boldsymbol{A}$ 的行数与列数相等，即 $m=n$ 时，矩阵 $\boldsymbol{A}$ 称为 n 阶方阵，记作 $\boldsymbol{A}_n$，左上角到右下角的连线称为主对角线，主对角线上的元素 $a_{11}, a_{22}, \cdots, a_{nn}$ 称为主对角线元素.

② 行矩阵：只有一行，即 $m=1$ 的矩阵 $\boldsymbol{A} = \begin{pmatrix} a_{11} & a_{12} & \cdots & a_{1n} \end{pmatrix}$ 称为行矩阵.

③ 列矩阵：只有一列，即 $n=1$ 的矩阵 $\boldsymbol{A} = \begin{pmatrix} a_{11} \\ a_{21} \\ \vdots \\ a_{m1} \end{pmatrix}$ 称为列矩阵.

④ 零矩阵：所有元素全为零的矩阵称为零矩阵，记作 $\boldsymbol{O}_{m \times n}$ 或 $\boldsymbol{O}$.

⑤ 对角矩阵：除主对角线外，其他元素全为零的方阵称为对角矩阵. 为了方便，采用如下记号

$$\boldsymbol{A} = \begin{pmatrix} a_{11} & & & \\ & a_{22} & & \\ & & \ddots & \\ & & & a_{nn} \end{pmatrix}$$

⑥ 单位矩阵：主对角线上的元素全为 1 的对角矩阵称为单位矩阵，记作 $\boldsymbol{I}_n$ 或 $\boldsymbol{I}$.

⑦ 三角矩阵：主对角线以下（上）的元素全为零的方阵称为上（下）三角矩阵.

$$\boldsymbol{A} = \begin{pmatrix} a_{11} & a_{12} & \cdots & a_{1n} \\ & a_{22} & \cdots & a_{2n} \\ & & \ddots & \vdots \\ & & & a_{nn} \end{pmatrix} \text{ 为上三角矩阵.}$$

$$\boldsymbol{A} = \begin{pmatrix} a_{11} & & & \\ a_{21} & a_{22} & & \\ \vdots & \vdots & \ddots & \\ a_{n1} & a_{n2} & \cdots & a_{nn} \end{pmatrix} \text{ 为下三角矩阵.}$$

⑧ 数量矩阵：主对角线上元素都是非零常数 a，其余元素全都是零的 n 阶矩阵，称为 n

阶数量矩阵.

⑨负矩阵：在矩阵 $A=(a_{ij})_{m\times n}$ 中的各个元素的前面都添加上符号（即取相反数）得到的矩阵，称为 A 的负矩阵，记为 $-A$，即 $-A=(-a_{ij})_{m\times n}$.

二、矩阵的运算

如果只有一个个孤立的矩阵，其作用不会很大，充其量起到表格的作用，引进矩阵的目的是探讨它们之间的相互关系，就是代数运算.

1. 矩阵的相等

如果两个矩阵 A,B 行数和列数分别相同，且它们对应位置上的元素也相等，即 $a_{ij}=b_{ij}$ ($i=1,2,\cdots,m$；$j=1,2,\cdots,n$)，则称矩阵 A,B 相等，记作 $A=B$.

注 两个零矩阵 $\begin{pmatrix} 0 & 0 \\ 0 & 0 \end{pmatrix}$，$\begin{pmatrix} 0 & 0 & 0 \\ 0 & 0 & 0 \end{pmatrix}$ 不是同一个矩阵.

2. 矩阵的加（减）法

设 $A=(a_{ij})_{m\times n}, B=(b_{ij})_{m\times n}$ 是两个 $m\times n$ 矩阵，规定：
$$A+B=(a_{ij})_{m\times n}+(b_{ij})_{m\times n}=(a_{ij}+b_{ij})_{m\times n}$$

称矩阵 $A+B$ 为 A 与 B 的和.

如果 $A=(a_{ij})_{m\times n}, B=(b_{ij})_{m\times n}$，由矩阵加法运算和负矩阵的概念，规定：
$$A-B=A+(-B)=(a_{ij})_{m\times n}+(-b_{ij})_{m\times n}=(a_{ij}-b_{ij})_{m\times n}$$，称矩阵 $A-B$ 为 A 与 B 的差.

3. 矩阵的数乘

设 k 是任意一个实数，A 是一个 $m\times n$ 矩阵，k 与 A 的乘积为
$$kA=(ka_{ij})_{m\times n}=\begin{pmatrix} ka_{11} & ka_{12} & \cdots & ka_{1n} \\ ka_{21} & ka_{22} & \cdots & ka_{2n} \\ \vdots & \vdots & & \vdots \\ ka_{m1} & ka_{m2} & \cdots & ka_{mn} \end{pmatrix}$$

矩阵的加（减）法与矩阵的数乘称为矩阵的线性运算.

设 A, B, C, O 都是 $m\times n$ 矩阵，不难验证，矩阵的线性运算满足下列运算规律：

交换律 $\qquad A+B=B+A$；

结合律 $\qquad A+(B+C)=(A+B)+C$；

分配律 $\qquad k(A+B)=kA+kB$；

$\qquad (k+l)A=kA+lA \quad (k,l\in \mathbf{R})$；

数乘矩阵的结合律 $\qquad k(lA)=(kl)A$.

【例5.1】 设 $A=\begin{pmatrix} 2 & 5 \\ -1 & 3 \\ 2 & 0 \end{pmatrix}$，$B=\begin{pmatrix} -3 & 4 \\ -2 & 0 \\ 2 & 5 \end{pmatrix}$，求 $2A-3B$.

【解】 $2A-3B = 2\begin{pmatrix} 2 & 5 \\ -1 & 3 \\ 2 & 0 \end{pmatrix} - 3\begin{pmatrix} -3 & 4 \\ -2 & 0 \\ 2 & 5 \end{pmatrix}$

$= \begin{pmatrix} 4 & 10 \\ -2 & 6 \\ 4 & 0 \end{pmatrix} - \begin{pmatrix} -9 & 12 \\ -6 & 0 \\ 6 & 15 \end{pmatrix} = \begin{pmatrix} 13 & -2 \\ 4 & 6 \\ -2 & -15 \end{pmatrix}$

4. 矩阵的乘法

【例5.2】 在引例中张三和李四各自要付的钱可列成右表．它也可表示为：

	价格（元）
张三	2×0.5+1×2+1×1=4
李四	4×0.5+0×2+2×1=4

$AB = \begin{pmatrix} 2 & 1 & 1 \\ 4 & 0 & 2 \end{pmatrix} \begin{pmatrix} 0.5 \\ 2 \\ 1 \end{pmatrix} = \begin{pmatrix} 2 \times 0.5 + 1 \times 2 + 1 \times 1 \\ 4 \times 0.5 + 0 \times 2 + 2 \times 1 \end{pmatrix} = \begin{pmatrix} 4 \\ 4 \end{pmatrix} = C$

矩阵 C 中第一行第一列的元素等于矩阵 A 第一行元素与矩阵 B 的第一列对应元素乘积之和．同理，矩阵 C 中第 i 行第 j 列的元素等于矩阵 A 第 i 行元素与矩阵 B 的第 j 列对应元素乘积之和．

【定义2】 设 A 是一个 $m \times s$ 矩阵，B 是一个 $s \times n$ 矩阵，则由元素
$$c_{ij} = a_{i1}b_{1j} + a_{i2}b_{2j} + \cdots + a_{is}b_{sj} \quad (i=1,2,\cdots,m;\; j=1,2,\cdots,n)$$
构成的 $m \times n$ 矩阵 $C = (c_{ij})_{m \times n}$，称为矩阵 A 与矩阵 B 的乘积，记作 $C = AB$.

【例5.3】 设矩阵 $A = \begin{pmatrix} 2 & -1 \\ -4 & 0 \\ 3 & 5 \end{pmatrix}$，$B = \begin{pmatrix} 9 & -8 \\ -7 & 10 \end{pmatrix}$，求 AB.

【解】 $AB = \begin{pmatrix} 2 & -1 \\ -4 & 0 \\ 3 & 5 \end{pmatrix} \begin{pmatrix} 9 & -8 \\ -7 & 10 \end{pmatrix}$

$= \begin{pmatrix} 2 \times 9 + (-1) \times (-7) & 2 \times (-8) + (-1) \times 10 \\ -4 \times 9 + 0 \times (-7) & -4 \times (-8) + 0 \times 10 \\ 3 \times 9 + 5 \times (-7) & 3 \times (-8) + 5 \times 10 \end{pmatrix}$

$= \begin{pmatrix} 25 & -26 \\ -36 & 32 \\ -8 & 26 \end{pmatrix}$

【例5.4】 设矩阵 $A = \begin{pmatrix} 6 & 3 \\ 2 & 1 \end{pmatrix}$，$B = \begin{pmatrix} -2 & 6 \\ 1 & -3 \end{pmatrix}$，$C = \begin{pmatrix} -1 & 5 \\ -1 & -1 \end{pmatrix}$，求 AB 和 AC.

【解】 $AB = \begin{pmatrix} 6 & 3 \\ 2 & 1 \end{pmatrix} \begin{pmatrix} -2 & 6 \\ 1 & -3 \end{pmatrix} = \begin{pmatrix} -9 & 27 \\ -3 & 9 \end{pmatrix}$

$BA = \begin{pmatrix} -2 & 6 \\ 1 & -3 \end{pmatrix} \begin{pmatrix} 6 & 3 \\ 2 & 1 \end{pmatrix} = \begin{pmatrix} 0 & 0 \\ 0 & 0 \end{pmatrix}$

$AC = \begin{pmatrix} 6 & 3 \\ 2 & 1 \end{pmatrix} \begin{pmatrix} -1 & 5 \\ -1 & -1 \end{pmatrix} = \begin{pmatrix} -9 & 27 \\ -3 & 9 \end{pmatrix}$

注 ①矩阵乘法一般不满足交换律，因此，矩阵相乘时必须注意顺序，AB 称为（用）A 左乘 B，BA 称为（用）A 右乘 B，一般 $AB \neq BA$.

②两个非零矩阵的乘积可能是零矩阵.

③矩阵乘法不满足消去律. 即当乘积矩阵 $AB = AC$ 且 $A \neq O$ 时，不能消去矩阵 A，得到 $B = C$.

④若 A 是一个 n 阶方阵，则 $A^m = \underbrace{AA\cdots A}_{m \uparrow A}$ 称为 A 的 m 次幂.

不难验证，矩阵乘法满足下列运算规律：

结合律　　　　　　　　$(AB)C = A(BC)$；

分配律　　　　　　　　$A(B+C) = AB + AC$，

　　　　　　　　　　　$(A+B)C = AC + BC$；

数乘矩阵的结合律　　　$(kA)B = A(kB) = k(AB)$.

5. 矩阵的转置

【定义 3】 将 $m \times n$ 型矩阵 $A = (a_{ij})_{m \times n}$ 的行与列互换得到的 $n \times m$ 型矩阵，称为矩阵 A 的转置矩阵，记为 A^T. 即如果

$$A = \begin{pmatrix} a_{11} & a_{12} & \cdots & a_{1n} \\ a_{21} & a_{22} & \cdots & a_{2n} \\ \vdots & \vdots & & \vdots \\ a_{m1} & a_{m2} & \cdots & a_{mn} \end{pmatrix}, \text{则 } A^T = \begin{pmatrix} a_{11} & a_{21} & \cdots & a_{m1} \\ a_{12} & a_{22} & \cdots & a_{m2} \\ \vdots & \vdots & & \vdots \\ a_{1n} & a_{2n} & \cdots & a_{mn} \end{pmatrix}$$

矩阵的转置适合下列法则：

(1) $(A^T)^T = A$；　　　　　　(2) $(kA)^T = kA^T$；

(3) $(A+B)^T = A^T + B^T$；　　(4) $(AB)^T = B^T A^T$.

特别地，当 A 为方阵时，

(5) 若 $A^T = A$，则称 A 为对称矩阵.

(6) 若 $A^T = -A$，则称 A 为反对称矩阵.

对称矩阵的特点是，以主对角线元素为对称轴的各个元素均相等；反对称矩阵的特点是，主对角线元素全为零，以主对角线元素为对称轴的各个元素互为相反数.

【例5.5】 若 $A = \begin{pmatrix} 1 & -1 & 3 \\ 2 & 0 & 1 \end{pmatrix}$, $C = \begin{pmatrix} -1 & 3 \\ 2 & 1 \\ 0 & 2 \end{pmatrix}$. 求 A^{T}, C^{T} 以及 $(AC)^{\mathrm{T}}$.

【解】 由转置矩阵的定义,有 $A^{\mathrm{T}} = \begin{pmatrix} 1 & 2 \\ -1 & 0 \\ 3 & 1 \end{pmatrix}$, $C^{\mathrm{T}} = \begin{pmatrix} -1 & 2 & 0 \\ 3 & 1 & 2 \end{pmatrix}$.

解法一:$(AC)^{\mathrm{T}} = \left[\begin{pmatrix} 1 & -1 & 3 \\ 2 & 0 & 1 \end{pmatrix} \begin{pmatrix} -1 & 3 \\ 2 & 1 \\ 0 & 2 \end{pmatrix} \right]^{\mathrm{T}} = \begin{pmatrix} -3 & -2 \\ 8 & 8 \end{pmatrix}$

解法二:$(AC)^{\mathrm{T}} = C^{\mathrm{T}} \cdot A^{\mathrm{T}} = \begin{pmatrix} -1 & 2 & 0 \\ 3 & 1 & 2 \end{pmatrix} \begin{pmatrix} 1 & 2 \\ -1 & 0 \\ 3 & 1 \end{pmatrix} = \begin{pmatrix} -3 & -2 \\ 8 & 8 \end{pmatrix}$

【例5.6】 矩阵

$A = \begin{pmatrix} 1 & 0 & -1 \\ 0 & 2 & \sqrt{2} \\ -1 & \sqrt{2} & -3 \end{pmatrix}$, $B = \begin{pmatrix} 0 & -2 & -1 \\ -2 & 2 & 7 \\ -1 & 7 & 8 \end{pmatrix}$ 均为对称矩阵.

$C = \begin{pmatrix} 0 & -7 & 1 \\ 7 & 0 & \sqrt{2} \\ -1 & -\sqrt{2} & 0 \end{pmatrix}$, $D = \begin{pmatrix} 0 & -11 & 1 \\ 11 & 0 & -4 \\ -1 & 4 & 0 \end{pmatrix}$ 均为反对称矩阵.

三、矩阵的初等变换

矩阵的初等变换是重要的概念,线性代数的许多问题都可由矩阵的初等变换解决.

【定义4】 对矩阵进行下列三种变换,称为矩阵的初等行变换:

(1) 对换矩阵两行的位置;

(2) 用一个非零的数 k 遍乘矩阵的某一行元素;

(3) 将矩阵某一行的 k 倍数加到另一行上.

在定义中,若把对矩阵施行的三种"行"变换,改为"列"变换,我们就能得到对矩阵的三种列变换,并将其称为矩阵的初等列变换. 矩阵的初等行变换和初等列变换统称为初等变换. 初等变换是将一个矩阵 A 变换成另一个矩阵 B,因此这两个矩阵之间只能用"→"连接,不能用"="连接,即用 $A \to B$ 表示矩阵 A 变换成矩阵 B.

为了方便,引入记号.

① $r_i \leftrightarrow r_j$:表示把第 i 行与第 j 行交换位置;

② $kr_i (k \neq 0)$:表示把第 i 行乘以非零数 k;

③ $r_i + r_j \cdot k$:表示第 i 行加上第 j 行对应元素的 k 倍.

注 本书中只用到初等行变换.

【定义 5】 满足下列条件的矩阵称为行阶梯形矩阵.

（1）矩阵若有零行（元素全部为零的行），零行全部在下方；

（2）各非零行的第一个不为零的元素（称为首非零元）的列标随着行标的递增而严格增大.

如果行阶梯形矩阵还满足下面两个条件，则称为行简化阶梯形矩阵：

①各非零行的首非零元都是 1；

②每个首非零元素所在的列的其余元素都是零.

例如，下列矩阵中，

$$A = \begin{pmatrix} 1 & 1 & 1 & -1 \\ 0 & -1 & 2 & 3 \\ 0 & 0 & 5 & 1 \end{pmatrix}, \quad B = \begin{pmatrix} 1 & 1 & 2 & 0 \\ 0 & 0 & 1 & 2 \\ 0 & 0 & 0 & 1 \end{pmatrix}, \quad C = \begin{pmatrix} 1 & 7 & 0 & -1 \\ 0 & 0 & 5 & 2 \\ 0 & 0 & 0 & 0 \end{pmatrix}$$

$$D = \begin{pmatrix} 3 & 1 & 1 & -1 \\ 0 & 0 & 3 & 2 \\ 0 & 2 & 0 & 1 \end{pmatrix}, \quad E = \begin{pmatrix} 3 & 1 & 1 & -1 \\ 0 & 0 & 0 & 0 \\ 0 & 2 & 0 & 1 \end{pmatrix}, \quad F = \begin{pmatrix} 1 & 0 & 2 & 0 & 2 \\ 0 & 1 & 1 & 0 & 4 \\ 0 & 0 & 0 & 1 & 2 \end{pmatrix}$$

A, B, C, F 是行阶梯形矩阵. D, E 则不是，而 F 同时又是行简化阶梯形矩阵.

【定理 1】 任意一个矩阵都可通过有限次初等行变换化为行阶梯形矩阵，并可进一步化为行简化阶梯形矩阵.

【例 5.7】 用初等行变换化下面矩阵为行简化阶梯形矩阵.

$$\begin{pmatrix} 2 & 0 & -1 & 3 \\ 1 & 2 & -2 & 4 \\ 0 & 1 & 3 & -1 \end{pmatrix}$$

【解】

$$A = \begin{pmatrix} 2 & 0 & -1 & 3 \\ 1 & 2 & -2 & 4 \\ 0 & 1 & 3 & -1 \end{pmatrix} \xrightarrow{r_1 \leftrightarrow r_2} \begin{pmatrix} 1 & 2 & -2 & 4 \\ 2 & 0 & -1 & 3 \\ 0 & 1 & 3 & -1 \end{pmatrix} \xrightarrow{r_2 + r_1(-2)} \begin{pmatrix} 1 & 2 & -2 & 4 \\ 0 & -4 & 3 & -5 \\ 0 & 1 & 3 & -1 \end{pmatrix}$$

$$\xrightarrow{r_2 \leftrightarrow r_3} \begin{pmatrix} 1 & 2 & -2 & 4 \\ 0 & 1 & 3 & -1 \\ 0 & -4 & 3 & -5 \end{pmatrix} \xrightarrow{r_3 + 4r_2} \begin{pmatrix} 1 & 2 & -2 & 4 \\ 0 & 1 & 3 & -1 \\ 0 & 0 & 15 & -9 \end{pmatrix} \xrightarrow{r_3 \times \frac{1}{15}} \begin{pmatrix} 1 & 2 & -2 & 4 \\ 0 & 1 & 3 & -1 \\ 0 & 0 & 1 & -\frac{3}{5} \end{pmatrix}$$

$$\xrightarrow[r_2 + r_3 \times (-3)]{r_1 + r_3 \times 2} \begin{pmatrix} 1 & 2 & 0 & \frac{14}{5} \\ 0 & 1 & 0 & \frac{4}{5} \\ 0 & 0 & 1 & -\frac{3}{5} \end{pmatrix} \xrightarrow{r_1 + r_2(-2)} \begin{pmatrix} 1 & 0 & 0 & \frac{6}{5} \\ 0 & 1 & 0 & \frac{4}{5} \\ 0 & 0 & 1 & -\frac{3}{5} \end{pmatrix}$$

一个矩阵对应的行阶梯形矩阵不是唯一的,例 5.7 计算过程中的后 4 个矩阵,都可作为矩阵 A 对应的行阶梯形矩阵,但其对应的行阶梯形矩阵的非零行的行数是确定的,并且由初等行变换得到的行简化阶梯形矩阵是唯一的.

【例 5.8】 将矩阵 $A = \begin{pmatrix} 1 & 2 & 3 & 5 \\ -1 & 0 & 1 & 1 \\ 2 & 1 & 0 & 1 \end{pmatrix}$ 化为行简化阶梯形矩阵.

【解】 $A = \begin{pmatrix} 1 & 2 & 3 & 5 \\ -1 & 0 & 1 & 1 \\ 2 & 1 & 0 & 1 \end{pmatrix} \xrightarrow[r_3+r_1\times(-2)]{r_2+r_1} \begin{pmatrix} 1 & 2 & 3 & 5 \\ 0 & 2 & 4 & 6 \\ 0 & -3 & -6 & -9 \end{pmatrix}$

$\xrightarrow[\frac{1}{3}r_3]{\frac{1}{2}r_2} \begin{pmatrix} 1 & 2 & 3 & 5 \\ 0 & 1 & 2 & 3 \\ 0 & -1 & -2 & -3 \end{pmatrix} \xrightarrow[r_1+r_2\times(-2)]{r_3+r_2} \begin{pmatrix} 1 & 0 & -1 & -1 \\ 0 & 1 & 2 & 3 \\ 0 & 0 & 0 & 0 \end{pmatrix}$

四、逆矩阵

前面讨论了矩阵的加、减、数乘和乘法等运算,那么矩阵有没有"除"的运算呢?

关于数的除法运算可以转化为乘法运算,如设 a,b 两个数,且 $b \neq 0$,则 $a \div b = a/b = ab^{-1}$,其中 $b^{-1} = 1/b$ 是 b 的逆元,显然 $b^{-1}b = bb^{-1} = 1$.

这种思想运用到矩阵理论中,就有了逆矩阵的概念。

【定义 6】 设 A 是 n 阶方阵,如果存在一个 n 阶方阵 B,使

$$AB = BA = I_n \quad (I_n \text{ 为 } n \text{ 阶单位阵})$$

则称矩阵 A 是可逆矩阵,简称 A 可逆,并把方阵 B 称为 A 的逆矩阵,记为 A^{-1},即 $B = A^{-1}$.

例如, $A = \begin{pmatrix} 2 & 2 & 3 \\ 1 & -1 & 0 \\ -1 & 2 & 1 \end{pmatrix}$, $B = \begin{pmatrix} 1 & -4 & -3 \\ 1 & -5 & -3 \\ -1 & 6 & 4 \end{pmatrix}$

因为 $AB = \begin{pmatrix} 2 & 2 & 3 \\ 1 & -1 & 0 \\ -1 & 2 & 1 \end{pmatrix} \begin{pmatrix} 1 & -4 & -3 \\ 1 & -5 & -3 \\ -1 & 6 & 4 \end{pmatrix} = \begin{pmatrix} 1 & 0 & 0 \\ 0 & 1 & 0 \\ 0 & 0 & 1 \end{pmatrix}$

$BA = \begin{pmatrix} 1 & -4 & -3 \\ 1 & -5 & -3 \\ -1 & 6 & 4 \end{pmatrix} \begin{pmatrix} 2 & 2 & 3 \\ 1 & -1 & 0 \\ -1 & 2 & 1 \end{pmatrix} = \begin{pmatrix} 1 & 0 & 0 \\ 0 & 1 & 0 \\ 0 & 0 & 1 \end{pmatrix}$

即 A, B 满足 $AB = BA = I$,所以矩阵 A 可逆,其逆矩阵 $A^{-1} = B$.

注 (1) 单位矩阵 I 的逆矩阵就是它本身,因为 $II = I$.

(2) 任何 n 阶零矩阵都不可逆. 因为对任何与 n 阶零矩阵同阶的方阵 B,都有 $BO = OB = O$.

【命题】 任何可逆矩阵 A 的逆矩阵是唯一的.

事实上，设 B, C 都是 A 的逆矩阵，则
$$AB = BA = I, \quad AC = CA = I$$
于是
$$B = BI = B(AC) = (BA)C = IC = C$$

逆矩阵的运算适合下列法则：

① A 的逆矩阵的逆矩阵是 A，即 $(A^{-1})^{-1} = A$.

② 如果 n 阶矩阵 A, B 的逆矩阵都存在，那么，它们乘积的逆矩阵也存在，并且
$$(AB)^{-1} = B^{-1}A^{-1}$$

同理，若 $A_1, A_2, \cdots, A_m$ 是 m 个同阶可逆矩阵，则 $A_1 A_2 \cdots A_m$ 也是可逆矩阵，且
$$(A_1 A_2 \cdots A_m)^{-1} = A_m^{-1} A_{m-1}^{-1} \cdots A_1^{-1}$$

③ 若矩阵 A 可逆，数 $k \neq 0$，则 kA 也是可逆矩阵，且 $(kA)^{-1} = \dfrac{1}{k} A^{-1}$;

④ 若矩阵 A 可逆，则其转置矩阵 A^T 亦可逆，且 $(A^T)^{-1} = (A^{-1})^T$.

【例 5.9】 设有线性方程组
$$\begin{cases} a_{11}x_1 + a_{12}x_2 + \cdots + a_{1n}x_n = b_1 \\ a_{21}x_1 + a_{22}x_2 + \cdots + a_{2n}x_n = b_2 \\ \vdots \\ a_{m1}x_1 + a_{m2}x_2 + \cdots + a_{mn}x_n = b_m \end{cases} \tag{5-1}$$

令
$$A = \begin{pmatrix} a_{11} & a_{12} & \cdots & a_{1n} \\ a_{21} & a_{22} & \cdots & a_{2n} \\ \vdots & \vdots & & \vdots \\ a_{m1} & a_{m2} & \cdots & a_{mn} \end{pmatrix}, \quad X = \begin{pmatrix} x_1 \\ x_2 \\ \vdots \\ x_n \end{pmatrix}, \quad B = \begin{pmatrix} b_1 \\ b_2 \\ \vdots \\ b_m \end{pmatrix}$$

分别为式（5-1）的系数矩阵、未知数矩阵和常数项列矩阵，则方程组可以用矩阵表示：
$$AX = B \tag{5-2}$$

当矩阵 A 是可逆矩阵时，用 A^{-1} 左乘式（5-2），得
$$A^{-1}AX = A^{-1}B$$

即
$$X = A^{-1}B$$

用初等变换求可逆矩阵的逆矩阵是一种非常简便和行之有效的方法，其具体做法是：

首先把 n 阶可逆矩阵 A 的右边写上同阶的单位矩阵 I，构成一个 $n \times 2n$ 矩阵 $(A \vdots I)$，然后对该矩阵施以一系列的初等行变换，当 A 化为单位矩阵 I 时，虚线右边的 I 就变成了 A^{-1}，即
$$(A \vdots I) \xrightarrow{\text{行初等变换}} (I \vdots A^{-1})$$

【例 5.10】 求矩阵 $A = \begin{pmatrix} 1 & 2 & 3 \\ 2 & 0 & 1 \\ -1 & 1 & 0 \end{pmatrix}$ 的逆矩阵 A^{-1}.

【解】 $(A \vdots I) = \begin{pmatrix} 1 & 2 & 3 & | & 1 & 0 & 0 \\ 2 & 0 & 1 & | & 0 & 1 & 0 \\ -1 & 1 & 0 & | & 0 & 0 & 1 \end{pmatrix} \xrightarrow[r_3+r_1]{r_2-2r_1} \begin{pmatrix} 1 & 2 & 3 & | & 1 & 0 & 0 \\ 0 & -4 & -5 & | & -2 & 1 & 0 \\ 0 & 3 & 3 & | & 1 & 0 & 1 \end{pmatrix}$

$\xrightarrow[r_3+\frac{3}{4}r_2]{r_1+\frac{1}{2}r_2} \begin{pmatrix} 1 & 0 & \frac{1}{2} & | & 0 & \frac{1}{2} & 0 \\ 0 & -4 & -5 & | & -2 & 1 & 0 \\ 0 & 0 & -\frac{3}{4} & | & -\frac{1}{2} & \frac{3}{4} & 1 \end{pmatrix} \xrightarrow[-\frac{4}{3}r_3]{-\frac{1}{4}r_2}$

$\begin{pmatrix} 1 & 0 & \frac{1}{2} & | & 0 & \frac{1}{2} & 0 \\ 0 & 1 & \frac{5}{4} & | & \frac{1}{2} & -\frac{1}{4} & 0 \\ 0 & 0 & 1 & | & \frac{2}{3} & -1 & -\frac{4}{3} \end{pmatrix} \xrightarrow[r_2-\frac{5}{4}r_3]{r_1-\frac{1}{2}r_3} \begin{pmatrix} 1 & 0 & 0 & | & -\frac{1}{3} & 1 & \frac{2}{3} \\ 0 & 1 & 0 & | & -\frac{1}{3} & 1 & \frac{5}{3} \\ 0 & 0 & 1 & | & \frac{2}{3} & -1 & -\frac{4}{3} \end{pmatrix}$

于是

$$A^{-1} = \begin{pmatrix} -\frac{1}{3} & 1 & \frac{2}{3} \\ -\frac{1}{3} & 1 & \frac{5}{3} \\ \frac{2}{3} & -1 & -\frac{4}{3} \end{pmatrix}$$

矩阵的一个很重要的应用是解矩阵方程。设 A 是 n 阶可逆矩阵

（1）若 $AX = B$. 用 A^{-1} 左乘方程两边，得 $X = A^{-1}B$；

（2）若 $XA = B$. 用 A^{-1} 右乘方程两边，得 $X = BA^{-1}$.

【例 5.11】 设

$$A = \begin{pmatrix} 1 & 2 & 3 \\ 2 & 0 & 1 \\ -1 & 1 & 0 \end{pmatrix}, B = \begin{pmatrix} 1 \\ 2 \\ 3 \end{pmatrix}$$

求 X 使 $AX = B$.

【解】 由例 5.10 可知 $A^{-1} = \begin{pmatrix} -\frac{1}{3} & 1 & \frac{2}{3} \\ -\frac{1}{3} & 1 & \frac{5}{3} \\ \frac{2}{3} & -1 & -\frac{4}{3} \end{pmatrix}$，由于 $AX = B$，

故

$$X = A^{-1}B = \begin{pmatrix} -\dfrac{1}{3} & 1 & \dfrac{2}{3} \\ -\dfrac{1}{3} & 1 & \dfrac{5}{3} \\ \dfrac{2}{3} & -1 & -\dfrac{4}{3} \end{pmatrix} \begin{pmatrix} 1 \\ 2 \\ 3 \end{pmatrix} = \begin{pmatrix} \dfrac{11}{3} \\ \dfrac{20}{3} \\ -\dfrac{16}{3} \end{pmatrix}$$

习题 5.1

1. 设 $A = \begin{pmatrix} 1 & -2 \\ 3 & 0 \\ -4 & 2 \\ 5 & 6 \end{pmatrix}$, $B = \begin{pmatrix} 0 & -1 & 3 & 4 \\ 2 & 5 & -6 & -2 \end{pmatrix}$, 计算 $A^{\mathrm{T}} + B, 2A - B^{\mathrm{T}}, BA, AB, A^{\mathrm{T}}B^{\mathrm{T}}$.

2. 计算下列各题.

(1) $\begin{pmatrix} -2 & 1 \\ 5 & 3 \end{pmatrix}\begin{pmatrix} 0 & 1 \\ 1 & 0 \end{pmatrix}$;

(2) $\begin{pmatrix} 0 & 2 \\ 0 & -3 \end{pmatrix}\begin{pmatrix} 1 & 1 \\ 0 & 0 \end{pmatrix}$;

(3) $(-1 \ 2 \ 5 \ 4)\begin{pmatrix} 3 \\ 0 \\ -1 \\ 2 \end{pmatrix}$;

(4) $\begin{pmatrix} 1 & 2 & 3 \\ -1 & 2 & 2 \\ 1 & -3 & 2 \end{pmatrix}\begin{pmatrix} -1 & 2 & 4 \\ 1 & 4 & 3 \\ 2 & 3 & -1 \end{pmatrix} - \begin{pmatrix} 2 & 4 & 5 \\ 6 & 1 & 0 \\ 3 & -2 & 7 \end{pmatrix}$;

(5) $(2 \ 0 \ -3)\begin{pmatrix} 4 & -1 & 3 \\ -2 & 0 & 5 \\ 5 & 6 & -7 \end{pmatrix}$;

(6) $\begin{pmatrix} 1 & 2 & -1 \\ 0 & -2 & 1 \\ 0 & 0 & 1 \end{pmatrix}\begin{pmatrix} 2 & -2 \\ 3 & 0 \\ 1 & 4 \end{pmatrix}$.

3. (1) 若 $\begin{pmatrix} 1 & a & b \\ 0 & 2 & 5 \\ 3 & c & 4 \end{pmatrix}$, $\begin{pmatrix} -1 & -2 & -4 \\ e & 0 & f \\ d & 9 & 1 \end{pmatrix}$ 均为对称矩阵, 求 a,b,c,d,e,f;

(2) 若 $\begin{pmatrix} x & y & 4 \\ 1 & 0 & 5 \\ z & -5 & 0 \end{pmatrix}$, $\begin{pmatrix} 0 & -2 & -4 \\ u & 0 & w \\ 4 & 9 & v \end{pmatrix}$ 均为反对称矩阵, 求 x,y,z,u,v,w.

4. 求下列方阵的逆矩阵.

(1) $\begin{pmatrix} 1 & 2 & -3 \\ 0 & 1 & 2 \\ 0 & 1 & 1 \end{pmatrix}$;

(2) $\begin{pmatrix} 1 & -3 & 2 \\ -3 & 0 & 1 \\ 1 & 1 & -1 \end{pmatrix}$.

5. 解下列矩阵方程.

(1) $\begin{pmatrix} 0 & -1 \\ 1 & 0 \end{pmatrix} X = \begin{pmatrix} 2 & 2 \\ 1 & 1 \end{pmatrix}$;

(2) $\begin{pmatrix} 3 & 1 \\ 2 & 1 \end{pmatrix} X = \begin{pmatrix} 2 & 1 & 0 \\ 3 & 0 & -1 \end{pmatrix}$.

6. 将下列矩阵化为阶梯形矩阵.

(1) $\begin{pmatrix} 1 & -1 & 2 \\ 3 & 2 & 1 \\ 1 & -2 & 0 \end{pmatrix}$;

(2) $\begin{pmatrix} -3 & 0 & 1 & 5 \\ 2 & -1 & 4 & 7 \\ 1 & 3 & 0 & 6 \\ 2 & 0 & -4 & 5 \end{pmatrix}$.

5.2 向量及其线性关系

高中阶段我们学习了向量的概念、表示方法及运算，现在将向量的概念推广到 n 维向量及与之相关的一些概念.

一、n 维向量及其运算

【定义 1】 由 n 个数组成的一个有序数组 $\boldsymbol{\alpha} = (a_1, a_2, \cdots, a_n)$ 称为一个 n 维向量，$\boldsymbol{\alpha} = (a_1, a_2, \cdots, a_n)$ 称为行向量，其中 $a_1, a_2, \cdots, a_n$ 称为向量 $\boldsymbol{\alpha}$ 的分量.

根据讨论问题的需要，向量 $\boldsymbol{\alpha}$ 也可以竖起来写成 $\boldsymbol{\alpha} = \begin{pmatrix} a_1 \\ a_2 \\ \vdots \\ a_n \end{pmatrix}$，$\boldsymbol{\alpha} = \begin{pmatrix} a_1 \\ a_2 \\ \vdots \\ a_n \end{pmatrix}$ 也称为列向量.

向量一般用小写希腊字母 $\boldsymbol{\alpha}, \boldsymbol{\beta}, \boldsymbol{\gamma}, \cdots$ 表示.

一个 3×4 矩阵

$$A = \begin{pmatrix} 1 & 2 & 1 & 3 \\ 1 & 3 & -4 & 4 \\ 2 & 5 & -3 & 7 \end{pmatrix}$$

中的每一行都是由四个有序数组成的，因此都可以看作四维向量. 这三个四维向量
$$(1, 2, 1, 3), \quad (1, 3, -4, 4), \quad (2, 5, -3, 7)$$
称为矩阵 A 的行向量. 同样 A 中的每一列都是由三个有序数组成的，因此亦都可以看作三维向量. 这四个三维向量

$$\begin{pmatrix} 1 \\ 1 \\ 2 \end{pmatrix}, \begin{pmatrix} 2 \\ 3 \\ 5 \end{pmatrix}, \begin{pmatrix} 1 \\ -4 \\ -3 \end{pmatrix}, \begin{pmatrix} 3 \\ 4 \\ 7 \end{pmatrix}$$

称为矩阵的 A 列向量.

分量全为零的向量，称为零向量，记作 $\boldsymbol{0}$，即 $\boldsymbol{0} = (0, 0, \cdots, 0)$.

由此可知，n 维向量和 $1 \times n$ 阶矩阵（即行矩阵）是本质相同的两个概念. 所以，在 n 维向量之间，规定 n 维向量相等、相加、数乘与行矩阵之间的相等、相加、数乘都是对应相同的. 即

向量 $\boldsymbol{\alpha} = (a_1, a_2, \cdots, a_n)$ 的各分量的相反数所组成的向量，称为 $\boldsymbol{\alpha}$ 的负向量，记作 $-\boldsymbol{\alpha}$，

即 $-\boldsymbol{\alpha} = (-a_1, -a_2, \cdots, -a_n)$.

如果 $\boldsymbol{\alpha} = (a_1, a_2, \cdots, a_n)$，$\boldsymbol{\beta} = (b_1, b_2, \cdots, b_n)$，当 $a_i = b_i$ $(i = 1, 2, \cdots, n)$ 时，则称这两个向量相等，记作 $\boldsymbol{\alpha} = \boldsymbol{\beta}$.

设 $\boldsymbol{\alpha} = (a_1, a_2, \cdots, a_n)$，$\boldsymbol{\beta} = (b_1, b_2, \cdots, b_n)$，$k$ 为任意实数，则向量 $(ka_1, ka_2, \cdots, ka_n)$ 称为向量 $\boldsymbol{\alpha}$ 与数 k 的数乘，记作 $k\boldsymbol{\alpha}$，即 $k\boldsymbol{\alpha} = (ka_1, ka_2, \cdots, ka_n)$.

向量 $(a_1 + b_1, a_2 + b_2, \cdots, a_n + b_n)$ 称为向量 $\boldsymbol{\alpha}$ 与 $\boldsymbol{\beta}$ 之和，记作 $\boldsymbol{\alpha} + \boldsymbol{\beta}$，即
$$\boldsymbol{\alpha} + \boldsymbol{\beta} = (a_1 + b_1, a_2 + b_2, \cdots, a_n + b_n).$$

向量的加法和数乘运算统称为向量的线性运算.

n 维向量的加法和数乘运算满足下列八条基本性质：

① $\boldsymbol{\alpha} + \boldsymbol{\beta} = \boldsymbol{\beta} + \boldsymbol{\alpha}$；
② $(\boldsymbol{\alpha} + \boldsymbol{\beta}) + \boldsymbol{\gamma} = \boldsymbol{\alpha} + (\boldsymbol{\beta} + \boldsymbol{\gamma})$；
③ $\boldsymbol{\alpha} + \boldsymbol{0} = \boldsymbol{\alpha}$；
④ $\boldsymbol{\alpha} + (-\boldsymbol{\alpha}) = \boldsymbol{0}$；
⑤ $k(\boldsymbol{\alpha} + \boldsymbol{\beta}) = k\boldsymbol{\alpha} + k\boldsymbol{\beta}$；
⑥ $(k + l)\boldsymbol{\alpha} = k\boldsymbol{\alpha} + l\boldsymbol{\alpha}$；
⑦ $(kl)\boldsymbol{\alpha} = k(l\boldsymbol{\alpha})$；
⑧ $1 \cdot \boldsymbol{\alpha} = \boldsymbol{\alpha}$.

【例 5.12】 设 $\boldsymbol{\alpha} = (7, 2, 0, -8)$，$\boldsymbol{\beta} = (2, 1, -4, 3)$，求 $3\boldsymbol{\alpha} + 7\boldsymbol{\beta}$.

【解】 $3\boldsymbol{\alpha} + 7\boldsymbol{\beta} = 3(7, 2, 0, -8) + 7(2, 1, -4, 3) = (21, 6, 0, -24) + (14, 7, -28, 21)$
$= (35, 13, -28, -3)$.

【例 5.13】 将线性方程组写成向量形式

$$\begin{cases} a_{11}x_1 + a_{12}x_2 + \cdots + a_{1n}x_n = b_1 \\ a_{21}x_1 + a_{22}x_2 + \cdots + a_{2n}x_n = b_2 \\ \vdots \quad \vdots \quad \cdots \quad \vdots \quad \vdots \\ a_{m1}x_1 + a_{m2}x_2 + \cdots + a_{mn}x_n = b_m \end{cases} \quad (5\text{-}3)$$

【解】 根据向量的运算法则，方程组（5-3）可表示为

$$\begin{pmatrix} a_{11} \\ a_{21} \\ \vdots \\ a_{m1} \end{pmatrix} x_1 + \begin{pmatrix} a_{12} \\ a_{22} \\ \vdots \\ a_{m2} \end{pmatrix} x_2 + \cdots + \begin{pmatrix} a_{1n} \\ a_{2n} \\ \vdots \\ a_{mn} \end{pmatrix} x_n = \begin{pmatrix} b_1 \\ b_2 \\ \vdots \\ b_m \end{pmatrix}$$

若记

$$\boldsymbol{\alpha}_1 = \begin{pmatrix} a_{11} \\ a_{21} \\ \vdots \\ a_{m1} \end{pmatrix}, \quad \boldsymbol{\alpha}_2 = \begin{pmatrix} a_{12} \\ a_{22} \\ \vdots \\ a_{m2} \end{pmatrix}, \quad \cdots, \quad \boldsymbol{\alpha}_n = \begin{pmatrix} a_{1n} \\ a_{2n} \\ \vdots \\ a_{mn} \end{pmatrix}, \quad \boldsymbol{\beta} = \begin{pmatrix} b_1 \\ b_2 \\ \vdots \\ b_m \end{pmatrix}$$

则方程组（5-3）的向量形式为
$$a_1x_1 + a_2x_2 + \cdots + a_nx_n = \beta$$

二、向量的线性相关性

考察下述三个向量的关系：$a_1 = (2,3,1,0)$，$a_2 = (1,2,-1,0)$，$a_3 = (4,7,-1,0)$，不难发现，第一个向量加上第二个向量的 2 倍等于第三个向量，即
$$a_3 = a_1 + 2a_2$$
即 a_3 可由 a_1 和 a_2 经线性运算而得到，这时称 a_3 是 a_1 和 a_2 的线性组合。一般地有以下定义。

【定义 2】 设 $a_1, a_2, \cdots, a_m$ 为 m 个 n 维向量，$k_1, k_2, \cdots, k_m$ 为任意 m 个数，若向量 $\beta = k_1a_1 + k_2a_2 + \cdots + k_ma_m$，则称 β 为 $a_1, a_2, \cdots, a_m$ 的一个线性组合，或称 β 可由 $a_1, a_2, \cdots, a_m$ 线性表示（或线性表出）。

由例 5.13 知，如果存在一组数 $x_1, x_2, \cdots, x_m$ 是线性方程组（5-3）的解，则方程组（5-3）的常数列构成的向量 β 就可由方程组的系数构成的向量 $a_1, a_2, \cdots, a_n$ 线性表出。反之，若线性方程组（5-3）的常数列构成的向量 β 可由向量组 $a_1, a_2, \cdots, a_n$ 线性表出，即
$$\beta = a_1x_1 + a_2x_2 + \cdots + a_nx_n$$
则数组 $x_1, x_2, \cdots, x_n$ 必是线性方程组（5-3）的解。这就是说，线性方程组解的存在性问题，可以归结为向量的线性组合问题。

【例 5.14】 证明向量 $a_4 = (1,1,-1)$ 可由向量 $a_1 = (1,1,1)$，$a_2 = (1,2,5)$，$a_3 = (0,3,6)$ 线性表示，并具体将 a_4 用 a_1, a_2, a_3 表示出来。

【解】 设 $a_4 = k_1a_1 + k_2a_2 + k_3a_3$，即
$$(1,1,-1) = (k_1+k_2, k_1+2k_2+3k_3, k_1+5k_2+6k_3)$$
由向量相等，可得
$$\begin{cases} k_1 + k_2 = 1 \\ k_1 + 2k_2 + 3k_3 = 1 \\ k_1 + 5k_2 + 6k_3 = -1 \end{cases}$$

解此方程组得解为
$$k_1 = 2, \quad k_2 = -2, \quad k_3 = \frac{1}{3}$$

于是 a_4 能由 a_1, a_2, a_3 线性表示，且
$$a_4 = 2a_1 - a_2 + \frac{1}{3}a_3$$

上式也可以表示为
$$2a_1 - a_2 + \frac{1}{3}a_3 - a_4 = \mathbf{0}$$

即这四个向量的线性组合等于 $\mathbf{0}$，这时称这四个向量是线性相关的。

【定义 3】 设 $\alpha_1, \alpha_2, \cdots, \alpha_m$ 是 m 个 n 维向量，若存在一组不全为 0 的数 $k_1, k_2, \cdots, k_m$，使 $k_1\alpha_1 + k_2\alpha_2 + \cdots + k_m\alpha_m = \mathbf{0}$，则称 $\alpha_1, \alpha_2, \cdots, \alpha_m$ 线性相关；如果仅当 $k_1 = k_2 = \cdots = k_m = 0$ 时，上式才成立．则称 $\alpha_1, \alpha_2, \cdots, \alpha_m$ 线性无关．

【例 5.15】 证明下列三个向量 $\alpha_1 = (3, -6, 9)$，$\alpha_2 = (1, -2, 3)$，$\alpha_3 = (-2, 4, -6)$ 线性相关．

【解】 因为 $\alpha_1 = 3\alpha_2$，若取 $k_1 = 1$，$k_2 = -3$，$k_3 = 0$，它们不全为 0，且有
$$\alpha_1 - 3\alpha_2 + 0\alpha_3 = 0$$
所以 $\alpha_1, \alpha_2, \alpha_3$ 线性相关．

下面给出一些向量组线性相关性判别方法：

(1) 两个向量线性相关的充要条件是这两个向量的对应分量成比例．

(2) 向量组中，一部分向量线性相关时，该向量组线性相关；向量组线性无关，它的一部分向量构成的向量组线性无关．

(3) 向量组 $\alpha_1, \alpha_2, \cdots, \alpha_m$ 线性相关（线性无关）的充要条件是齐次线性方程组有非零解（只有零解）．

(4) n 个 n 维基本单位向量 $e_1, e_2, \cdots, e_n$ 组成的向量组必线性无关．

设基本单位向量 $e_1 = \begin{pmatrix} 1 \\ 0 \\ \vdots \\ 0 \end{pmatrix}$，$e_2 = \begin{pmatrix} 0 \\ 1 \\ \vdots \\ 0 \end{pmatrix}$，$\cdots$，$e_n = \begin{pmatrix} 0 \\ 0 \\ \vdots \\ 1 \end{pmatrix}$

又设 $k_1, k_2, \cdots, k_n$ 使 $k_1 e_1 + k_2 e_2 + \cdots + k_n e_n = 0$，即

$$k_1 \begin{pmatrix} 1 \\ 0 \\ \vdots \\ 0 \end{pmatrix} + k_2 \begin{pmatrix} 0 \\ 1 \\ \vdots \\ 0 \end{pmatrix} + \cdots + k_n \begin{pmatrix} 0 \\ 0 \\ \vdots \\ 1 \end{pmatrix} = 0$$

解之，得

$$\begin{pmatrix} k_1 \\ k_2 \\ \vdots \\ k_n \end{pmatrix} = \begin{pmatrix} 0 \\ 0 \\ \vdots \\ 0 \end{pmatrix}$$

即 $k_1 = k_2 = \cdots = k_n = 0$，因此 $e_1, e_2, \cdots, e_n$ 线性无关．

向量组 $e_1, e_2, \cdots, e_n$ 称为 n 维基本向量组．

【定理 1】 向量组 $\alpha_1, \alpha_2, \cdots, \alpha_m$ 线性相关的充要条件是向量组中至少有一个向量可以被其余向量线性表出．

【例 5.16】 设 $\alpha_1 = (1, 0, 1)$，$\alpha_2 = (1, -1, 1)$，$\alpha_3 = (3, 0, 3)$．显然，向量组 $\alpha_1, \alpha_2, \alpha_3$ 线性相关，但其中部分向量 α_1, α_2 及 α_2, α_3 是线性无关的，它们都含有两个线性无关的向量．并且，这两个线性无关的向量组中，若再添加一个向量进去，则线性相关．这就是说，α_1, α_2

及 a_2, a_3 在向量组 a_1, a_2, a_3 中作为一个线性无关向量组，所包含的向量的个数最多，因此称为极大线性无关组.

【定义4】 设有向量组 A，若其中的一部分向量 $a_1, a_2, \cdots, a_r$ 满足：

① $a_1, a_2, \cdots, a_r$ 线性无关；

② 在原向量组 A 中任一向量 a_{r+1}，都使 $a_1, a_2, \cdots, a_r$，a_{r+1} 线性相关，则称 $a_1, a_2, \cdots, a_r$ 是向量组 A 的一个极大线性无关组，简称极大无关组.

【例5.17】 A 是一组向量构成的集合，$A = \{(1,0,0), (0,1,0), (0,0,1), (2,0,0), (0,2,0)\}$，则

$$B_1 = \{(1,0,0), (0,1,0), (0,0,1)\}$$
$$B_2 = \{(2,0,0), (0,1,0), (0,0,1),\}$$
$$B_3 = \{(1,0,0), (0,0,1), (0,2,0)\}$$
$$B_4 = \{(0,0,1), (2,0,0), (0,2,0)\}$$

都是 A 的极大无关组.

例5.16、例5.17表明，极大无关组的向量可能不同，但它们所含向量的个数是相等的.

【定义5】 向量组 $a_1, a_2, \cdots, a_m$ 的极大无关组所含向量的个数称为该向量组的秩，记作 $R(a_1, a_2, \cdots, a_m)$.

由定义知，一个线性无关的向量组，它的极大无关组就是自身，其秩就是所含向量的个数. 特别，n 维基本向量组 $e_1, e_2, \cdots, e_n$ 的秩 $R(e_1, e_2, \cdots, e_m) = n$. 全部为零向量组成的向量组的秩为零.

【定义6】 矩阵 A 的行（列）向量组成的向量组的秩，称为矩阵 A 的行（列）的秩.

【定理2】 矩阵的行秩与列秩在初等变换下保持不变. 任一矩阵的行秩等于列秩.

由以上结论可知，矩阵的秩可以用矩阵的行秩（或列秩）去定义，即矩阵 A 的行秩（或列秩）定义为矩阵 A 的秩. 向量组 A 与矩阵 A 的秩可记为秩(A)，或 $r(A)$，或 $\text{rank}(A)$.

例5.16中 a_1, a_2 及 a_2, a_3 在向量组 a_1, a_2, a_3 中作为一个线性无关向量组. 从而 $r(A) = 2$，例5.17的 $r(A) = 4$.

因此，求向量组的极大无关组及其秩，都可以借助矩阵.

用矩阵的初等变换求矩阵秩的方法：将 $m \times n$ 矩阵 A，经过一系列的初等行变换化成阶梯矩阵 B，则矩阵 B 的不全为零的行的个数，即为矩阵 A 的秩.

用初等变换判断向量组的线性相关性的方法与向量组的一个极大无关组的方法：将向量组的每个向量看成矩阵 A 的列向量，然后用矩阵的初等变换求矩阵 A 的秩 r.

（1）若 $r < m$(向量组含向量的个数)，则此向量组线性相关.

（2）若 $r = m$，则此向量组线性无关.

（3）阶梯形矩阵的不全为零的行是由原向量组的某几个向量变换得到的，则原向量组的这几个向量就是其向量组的一个极大无关组.

【例 5.18】 已知向量组 $A=\{\alpha_1'\ \alpha_2'\ \alpha_3'\}$，其中 $\alpha_1=(0,2,-1,1), \alpha_2=(2,2,3,5)$，$\alpha_3=(1,2,2,4)$.

求（1）$r(A)$；（2）判断 A 的线性相关性；（3）求 A 的一个极大无关组.

【解】 以向量组 A 的列向量构成一个矩阵 A，对 A 施行初等行变换

$$A=(\alpha_1'\ \alpha_2'\ \alpha_3')=\begin{pmatrix}0&2&1\\2&2&2\\-1&3&2\\1&5&4\end{pmatrix}\xrightarrow{r_1\leftrightarrow r_4}\begin{pmatrix}1&5&4\\2&2&2\\-1&3&2\\0&2&1\end{pmatrix}\xrightarrow[r_3+r_1]{r_2-2r_1}\begin{pmatrix}1&5&4\\0&-8&-6\\0&8&6\\0&2&1\end{pmatrix}$$

$$\xrightarrow[r_4\leftrightarrow r_2]{r_3+r_2}\begin{pmatrix}1&5&4\\0&2&1\\0&0&0\\0&-8&-6\end{pmatrix}\xrightarrow[r_3\leftrightarrow r_4]{\frac{1}{2}r_2}\begin{pmatrix}1&5&4\\0&1&\frac{1}{2}\\0&-8&-6\\0&0&0\end{pmatrix}\xrightarrow[r_3+8r_2]{r_1-5r_2}\begin{pmatrix}1&0&-\frac{3}{2}\\0&1&\frac{1}{2}\\0&0&-2\\0&0&0\end{pmatrix}$$

$$\xrightarrow{-\frac{1}{2}r_3}\begin{pmatrix}1&0&-\frac{3}{2}\\0&1&\frac{1}{2}\\0&0&1\\0&0&0\end{pmatrix}\xrightarrow[r_1+\frac{3}{2}r_3]{r_2-\frac{1}{2}r_3}\begin{pmatrix}1&0&0\\0&1&0\\0&0&1\\0&0&0\end{pmatrix}$$

故 (1) $r(A)=3$；(2) 因 $r(A)=m=3$，所以 A 的线性无性；(3) $\alpha_1,\alpha_2,\alpha_3$ 是原向量组的一个极大无关组.

【例 5.19】 求向量组 $\alpha_1=(1,1,1,0)$，$\alpha_2=(0,1,1,0)$，$\alpha_3=(1,0,0,0)$，$\alpha_4=(0,1,0,1)$ 的一个极大线性无关组和秩.

【解】 将 α_1，α_2，α_3，α_4 写成

$$(\alpha_1'\alpha_2'\alpha_3'\alpha_4')=\begin{pmatrix}1&0&1&0\\1&1&0&1\\1&1&0&0\\0&0&0&1\end{pmatrix}\xrightarrow[r_2-r_1]{r_3-r_2}\begin{pmatrix}1&0&1&0\\0&1&-1&1\\0&0&0&-1\\0&0&0&1\end{pmatrix}\xrightarrow[r_2+r_3]{r_4+r_3}\begin{pmatrix}1&0&1&0\\0&1&-1&0\\0&0&0&-1\\0&0&0&0\end{pmatrix}$$

$$\xrightarrow[r_3+r_2]{r_1-r_2}\begin{pmatrix}1&0&1&0\\0&1&-1&1\\0&0&0&-1\\0&0&0&1\end{pmatrix}\xrightarrow{r_4+r_3}\begin{pmatrix}1&0&1&0\\0&1&-1&0\\0&0&0&-1\\0&0&0&0\end{pmatrix}$$

由此可以看出，α_1，α_2，α_4 是它的一个极大线性无关组. $R(\alpha_1,\alpha_2,\alpha_3,\alpha_4)=3$.

α_1，α_3，α_4；α_2，α_3，α_4 也是极大线性无关组，但 α_1，α_2，α_3 不是极大线性无关组.

注 （1）其中 $\alpha_i'(i=1,2,3,4)$ 为 α_i 的转置向量.

（2）主元（非零行的首非零元）所在的列对应的原向量组就是极大无关组.

习题 5.2

1. 已知向量 $\boldsymbol{\alpha}=(2,-1,1)$，$\boldsymbol{\beta}=(3,0,-1)$，$\boldsymbol{\gamma}=(0,-2,2)$，求 $2\boldsymbol{\alpha}+\boldsymbol{\beta}-4\boldsymbol{\gamma}$.

2. 设有向量组 $\boldsymbol{\alpha}_1=(a,b,1)$，$\boldsymbol{\alpha}_2=(1,a,c)$，$\boldsymbol{\alpha}_3=(c,1,b)$，试确定 a,b,c 的值使得 $\boldsymbol{\alpha}_1+2\boldsymbol{\alpha}_2-3\boldsymbol{\alpha}_3=\boldsymbol{0}$.

3. 判定向量组 $\boldsymbol{\alpha}_1=(2,3,1,0)$，$\boldsymbol{\alpha}_2=(1,2,-1,0)$，$\boldsymbol{\alpha}_3=(4,7,-1,0)$ 是否线性相关.

4. 判断下列向量组是否线性相关，并求出一个极大无关组.
（1）$\boldsymbol{\alpha}_1=(1,1,0)$，$\boldsymbol{\alpha}_2=(0,2,0)$，$\boldsymbol{\alpha}_3=(0,0,3)$；
（2）$\boldsymbol{\alpha}_1=(1,1,1)$，$\boldsymbol{\alpha}_2=(0,2,5)$，$\boldsymbol{\alpha}_3=(2,4,7)$.

5. 求向量组的秩：$\boldsymbol{\alpha}_1=(1,0,-1)$，$\boldsymbol{\alpha}_2=(-1,0,1)$，$\boldsymbol{\alpha}_3=(0,1,-1)$，$\boldsymbol{\alpha}_4=(1,2,-1)$.

6. 求下列矩阵的秩.

（1）$\begin{pmatrix} 1 & -1 & 1 & 2 \\ 2 & 3 & 3 & 2 \\ 1 & 1 & 2 & 1 \end{pmatrix}$；

（2）$\begin{pmatrix} 1 & -2 & 0 & -1 \\ 0 & 2 & 2 & 1 \\ 1 & -2 & -3 & -2 \\ 0 & 1 & 2 & 1 \end{pmatrix}$.

5.3 线性方程组

生产活动和科学技术中的许多问题经常可以归结为解线性方程组. 研究线性方程组的解有重要的现实意义.

一、线性方程组的概念

【定义1】 线性方程组

$$\begin{cases} a_{11}x_1+a_{12}x_2+\cdots+a_{1n}x_n=b_1 \\ a_{21}x_1+a_{22}x_2+\cdots+a_{2n}x_n=b_2 \\ \vdots \\ a_{m1}x_1+a_{m2}x_2+\cdots+a_{mn}x_n=b_m \end{cases} \quad (5\text{-}4)$$

称为一般线性方程组，设

$$\boldsymbol{A}=(a_{ij})_{m\times n}=\begin{pmatrix} a_{11} & a_{12} & \cdots & a_{1n} \\ a_{21} & a_{22} & \cdots & a_{2n} \\ \vdots & \vdots & & \vdots \\ a_{m1} & a_{m2} & \cdots & a_{mn} \end{pmatrix}$$

称为方程组（5-4）的系数矩阵，设

$$\tilde{A} = \begin{pmatrix} a_{11} & a_{12} & \cdots & a_{1n} & b_1 \\ a_{21} & a_{22} & \cdots & a_{2n} & b_2 \\ \vdots & \vdots & \vdots & \vdots \\ a_{m1} & a_{m2} & \cdots & a_{mn} & b_m \end{pmatrix}$$

称为方程组（5-4）的增广矩阵，设

$$B = \begin{pmatrix} b_1 \\ b_2 \\ \vdots \\ b_m \end{pmatrix}, \quad X = \begin{pmatrix} x_1 \\ x_2 \\ \vdots \\ x_n \end{pmatrix}$$

B 称为方程组（5-4）的常数矩阵，X 称为方程组（5-4）的未知量矩阵. 方程组（5-4）也称非线性方程组.

方程组（5-4）也可记为

$$AX = B \tag{5-5}$$

【定义 2】 线性方程组

$$\begin{cases} a_{11}x_1 + a_{12}x_2 + \cdots + a_{1n}x_n = 0 \\ a_{21}x_1 + a_{22}x_2 + \cdots + a_{2n}x_n = 0 \\ \vdots \\ a_{n1}x_1 + a_{n2}x_2 + \cdots + a_{nn}x_n = 0 \end{cases} \tag{5-6}$$

称为齐次线性方程组. 若记

$$A = (a_{ij})_{m \times n}, \quad X = \begin{pmatrix} x_1 \\ x_2 \\ \vdots \\ x_n \end{pmatrix}, \quad B = \begin{pmatrix} 0 \\ 0 \\ \vdots \\ 0 \end{pmatrix}$$

则

$$AX = 0 \tag{5-7}$$

二、消元法

下面通过一个具体的例子来找出消元法解线性方程组的一般规律.

【例 5.20】 求解线性方程组 $\begin{cases} 2x_2 - x_3 = 1 \\ 2x_1 + 2x_2 + 3x_3 = 5 \\ x_1 + 2x_2 + 2x_3 = 4 \end{cases}$.

【解】 交换方程组中第一、第三个方程的位置，得

$$\begin{cases} x_1 + 2x_2 + 2x_3 = 4 & \text{①} \\ 2x_1 + 2x_2 + 3x_3 = 5 & \text{②} \\ 2x_2 - x_3 = 1 & \text{③} \end{cases}$$

将（-2）×方程①+方程②，得

$$\begin{cases} x_1 + 2x_2 + 2x_3 = 4 \\ -2x_2 - x_3 = -3 \\ 2x_2 - x_3 = 1 \end{cases}$$

④
⑤
⑥

将方程⑤分别加到方程④、⑥上，得

$$\begin{cases} x_1 + x_3 = 1 \\ -2x_2 - x_3 = -3 \\ -2x_3 = -2 \end{cases}$$

⑦
⑧
⑨

将 $-\dfrac{1}{2}\times$ 方程⑨，得

$$\begin{cases} x_1 + x_3 = 1 \\ -2x_2 - x_3 = -3 \\ x_3 = 1 \end{cases}$$

⑩
⑪
⑫

将（-1）×⑫加至方程⑩中，方程⑫加至方程⑪，得

$$\begin{cases} x_1 = 0 \\ -2x_2 = -2 \\ x_3 = 1 \end{cases}$$

⑬
⑭
⑮

将 $-\dfrac{1}{2}\times$ 方程⑭，得

$$\begin{cases} x_1 = 0 \\ x_2 = 1 \\ x_3 = 1 \end{cases}$$

在例 5.20 中，我们把方程组逐步变换为一种与原方程组同解的特殊形式的方程组，称为阶梯形方程组，而阶梯形方程组用逐步回代的方法很容易求解. 这个过程中我们只是反复用了三种变换：

①互换两个方程的位置；
②用一个非零的数乘某个方程的两端；
③用一个非零的数乘某个方程后加到另一个方程上去.

这三种变换不改变方程组的解，即线性方程组经过上述任意一种变换，所得的方程组与原线性方程组同解.

由于线性方程组由它的增广矩阵完全确定，对方程组施行的三种变换实质上就是对其增广矩阵施行初等行变换，故线性方程组的求解过程完全可以用矩阵和初等变换表示出来.

下面用矩阵的初等变换表示例 5.20 的求解过程.

对增广矩阵实施初等行变换，将其化为行简化阶梯形矩阵.

$$\tilde{A} = \begin{pmatrix} 0 & 2 & -1 & 1 \\ 2 & 2 & 3 & 5 \\ 1 & 2 & 2 & 4 \end{pmatrix} \xrightarrow{r_1 \leftrightarrow r_3} \begin{pmatrix} 1 & 2 & 2 & 4 \\ 2 & 2 & 3 & 5 \\ 0 & 2 & -1 & 1 \end{pmatrix}$$

$$\xrightarrow{r_2 - 2r_1} \begin{pmatrix} 1 & 2 & 2 & 4 \\ 0 & -2 & -1 & -3 \\ 0 & 2 & -1 & 1 \end{pmatrix} \xrightarrow[r_3 + r_2]{r_1 + r_2} \begin{pmatrix} 1 & 0 & 1 & 1 \\ 0 & -2 & -1 & -3 \\ 0 & 0 & -2 & -2 \end{pmatrix}$$

$$\xrightarrow{-\frac{1}{2}r_3} \begin{pmatrix} 1 & 0 & 1 & 1 \\ 0 & -2 & -1 & -3 \\ 0 & 0 & 1 & 1 \end{pmatrix} \xrightarrow[r_2 + r_3]{r_1 + (-1)r_3} \begin{pmatrix} 1 & 0 & 0 & 0 \\ 0 & -2 & 0 & -2 \\ 0 & 0 & 1 & 1 \end{pmatrix}$$

$$\xrightarrow{-\frac{1}{2}r_2} \begin{pmatrix} 1 & 0 & 0 & 0 \\ 0 & 1 & 0 & 1 \\ 0 & 0 & 1 & 1 \end{pmatrix}$$

显然，无论在计算上，还是在书写表达上，用增广矩阵要简单得多．同时，若能把增广矩阵最后变换成行简化阶梯形矩阵，则可从行简化阶梯形矩阵中得出对应的方程组的解．

故原方程组的同解方程组为 $\begin{cases} x_1 = 0 \\ x_2 = 1 \\ x_3 = 1 \end{cases}$，即为线性方程组的解．

由于增广矩阵除去最后一列即系数矩阵，通过化出的阶梯形矩阵也顺便得到了系数矩阵和增广矩阵的秩．例 5.20 中的 $r(A) = r(\tilde{A}) = 3 =$ 未知数个数 3，方程组有唯一解．

【例 5.21】 求解线性方程组 $\begin{cases} -3x_1 - 3x_2 + 14x_3 + 29x_4 = -16 \\ x_1 + x_2 + 4x_3 - x_4 = 1 \\ -x_1 - x_2 + 2x_3 + 7x_4 = -4 \end{cases}$ ①

【解】 对增广矩阵实施初等行变换，将其化为行简化阶梯形矩阵

$$\tilde{A} = \begin{pmatrix} -3 & -3 & 14 & 29 & -16 \\ 1 & 1 & 4 & -1 & 1 \\ -1 & -1 & 2 & 7 & -4 \end{pmatrix} \xrightarrow{r_1 \leftrightarrow r_2} \begin{pmatrix} 1 & 1 & 4 & -1 & 1 \\ -3 & -3 & 14 & 29 & -16 \\ -1 & -1 & 2 & 7 & -4 \end{pmatrix}$$

$$\xrightarrow[r_3 + r_1]{r_2 + 3r_1} \begin{pmatrix} 1 & 1 & 4 & -1 & 1 \\ 0 & 0 & 26 & 26 & -13 \\ 0 & 0 & 6 & 6 & -3 \end{pmatrix} \xrightarrow{r_2 - 4r_3} \begin{pmatrix} 1 & 1 & 4 & -1 & 1 \\ 0 & 0 & 2 & 2 & -1 \\ 0 & 0 & 6 & 6 & -3 \end{pmatrix}$$

$$\xrightarrow{r_3 - 3r_2} \begin{pmatrix} 1 & 1 & 4 & -1 & 1 \\ 0 & 0 & 2 & 2 & -1 \\ 0 & 0 & 0 & 0 & 0 \end{pmatrix} \xrightarrow{\frac{1}{2}r_2} \begin{pmatrix} 1 & 1 & 4 & -1 & 1 \\ 0 & 0 & 1 & 1 & -\frac{1}{2} \\ 0 & 0 & 0 & 0 & 0 \end{pmatrix}$$

$$\xrightarrow{r_1 - 4r_2} \begin{pmatrix} 1 & 1 & 0 & -5 & 3 \\ 0 & 0 & 1 & 1 & -\frac{1}{2} \\ 0 & 0 & 0 & 0 & 0 \end{pmatrix}$$

故原方程组的同解方程组为 $\begin{cases} x_1 + x_2 - 5x_4 = 3 \\ x_3 + x_4 = -\dfrac{1}{2} \end{cases}$

将含未知量 x_2, x_4 的项移到等式右边，得

$$\begin{cases} x_1 = -x_2 + 5x_4 + 3 \\ x_3 = -x_4 - \dfrac{1}{2} \end{cases} \quad ②$$

其中 x_2, x_4 可以取任意实数.

显然，只要未知量 x_2, x_4 分别任意取定一个值，如 $x_2 = 1, x_4 = 0$ 代入表达式②中均可以得到一组相应的值：$x_1 = 2, x_3 = -0.5$，从而得到方程组①的一个解

$$\begin{cases} x_1 = 2 \\ x_2 = 1 \\ x_3 = -0.5 \\ x_4 = 0 \end{cases}$$

由于未知量 x_2, x_4 的取值是任意实数，故方程组①的解有无穷多个. 由此可知，表达式②表示了方程组①的所有解. 表达式②中等号右端的未知量 x_2, x_4，称为**自由未知量**，用自由未知量表示其他未知量的表达式②称为方程组①的**一般解**，当表达式②中的未知量 x_2, x_4 取定一组解（如 $x_2 = 1, x_4 = 0$），得到方程组①的一个解（如 $x_1 = 2, x_2 = 1, x_3 = -0.5, x_4 = 0$），称为方程组①的**特解**.

如果将表达式②中的自由未知量 x_2, x_4 取任意实数 C_1, C_2，得方程组①的一般解为

$$\begin{cases} x_1 = -C_1 + 5C_2 + 3 \\ x_2 = C_1 \\ x_3 = -C_2 - \dfrac{1}{2} \\ x_4 = C_2 \end{cases}$$

本例中 $r(A) = r(\tilde{A}) = 2 <$ 未知数个数 $n = 4$，方程组有无穷多解.

注 自由未知量的选取不是固定的，因此一般解的形式也是不唯一的，但本质上都是表示方程组的所有解. 为了统一表示，往往像例 5.21 中选择简化阶梯形矩阵中不是首非零元所在的列对应的未知量为自由未知量.

解线性方程组的一般过程：首先对增广矩阵进行初等行变换化为行阶梯形矩阵，如果出现一行中只有最后一个元素不为零，则方程组无解；否则对该行阶梯形矩阵进一步化为行简化阶梯形矩阵，便可直接读出方程组的解或者写出由自由未知量表示的一般解. 这种解方程组的方法称为高斯消元法，简称消元法.

三、线性方程组有解的条件

从消元法容易得到如下定理：

【定理 1】 非齐次线性方程组 $Ax = B$ 有以下结论：

（1）若 $r(A) = r(\tilde{A}) = n$，则方程组 $Ax = B$ 有唯一解；

（2）若 $r(A) = r < n$，则方程组 $Ax = B$ 有无穷多个解；

（3）若 $r(A) \neq r(\tilde{A})$，则方程组 $Ax = B$ 没有解．

【例 5.22】 当 λ 取何值时，非齐次线性方程组 $\begin{cases} -2x_1 + x_2 + x_3 = -2 \\ x_1 - 2x_2 + x_3 = \lambda \\ x_1 + x_2 - 2x_3 = \lambda^2 \end{cases}$ 有解？并求出它的解．

【解】 $\tilde{A} = \begin{pmatrix} -2 & 1 & 1 & -2 \\ 1 & -2 & 1 & \lambda \\ 1 & 1 & -2 & \lambda^2 \end{pmatrix} \xrightarrow{\frac{1}{2}r_1} \begin{pmatrix} -1 & 1/2 & 1/2 & -1 \\ 1 & -2 & 1 & \lambda \\ 1 & 1 & -2 & \lambda^2 \end{pmatrix}$

$\xrightarrow[r_3 + r_1]{r_2 + r_1} \begin{pmatrix} -1 & 1/2 & 1/2 & -1 \\ 0 & -3/2 & 3/2 & \lambda - 1 \\ 0 & 3/2 & -3/2 & \lambda^2 - 1 \end{pmatrix}$

$\xrightarrow{r_3 + r_2} \begin{pmatrix} -1 & 1/2 & 1/2 & -1 \\ 0 & -3/2 & 3/2 & \lambda - 1 \\ 0 & 0 & 0 & (\lambda - 1)(\lambda + 2) \end{pmatrix}$

当 $\lambda = 1$ 或 $\lambda = -2$ 时，$r(A) = r(\tilde{A}) = 2 < 3$，方程组有解且有无穷多解．

（1）当 $\lambda = 1$ 时，对应的同解方程组为

$$\begin{cases} -x_1 + \frac{1}{2}x_2 + \frac{1}{2}x_3 = -1 \\ -\frac{3}{2}x_2 + \frac{3}{2}x_3 = 0 \end{cases}$$

设 $x_3 = C$，则方程组的一般解为

$$x_1 = C + 1, \ x_2 = C, \ x_3 = C \ （C 为任意常数）$$

（2）当 $\lambda = -2$ 时，对应的同解方程组为

$$\begin{cases} -x_1 + \frac{1}{2}x_2 + \frac{1}{2}x_3 = -1 \\ -\frac{3}{2}x_2 + \frac{3}{2}x_3 = -3 \end{cases}$$

设 $x_3 = C$，则方程组的一般解为

$$x_1 = C + 2, \ x_2 = C + 2, \ x_3 = C \ （C 为任意常数）$$

【定理 2】 对齐次线性方程组 $AX = 0$，有以下结论：

（1）若 $r(A) = n$（未知量个数），则方程组 $AX = 0$ 有唯一零解；

（2）若 $r(A) = r < n$，则方程组 $AX = 0$ 有非零解．

【例 5.23】 讨论下列方程组解的情况．

(1) $\begin{cases} x_1 + 6x_2 - x_3 - 4x_4 = 0 \\ -2x_1 - 12x_2 + 5x_3 + 17x_4 = 0 \\ 3x_1 + 18x_2 - x_3 - 6x_4 = 0 \end{cases}$
(2) $\begin{cases} x_1 + 2x_2 + 3x_3 = 0 \\ 2x_1 + 5x_2 + 3x_3 = 0 \\ x_1 + 5x_2 + 8x_3 = 0 \end{cases}$

【解】（1）

$$A = \begin{pmatrix} 1 & 6 & -1 & -4 \\ -2 & -12 & 5 & 17 \\ 3 & 18 & -1 & -6 \end{pmatrix} \to \begin{pmatrix} 1 & 6 & -1 & -4 \\ 0 & 0 & 3 & 9 \\ 0 & 0 & 2 & 6 \end{pmatrix} \to \begin{pmatrix} 1 & 6 & -1 & -4 \\ 0 & 0 & 1 & 3 \\ 0 & 0 & 1 & 3 \end{pmatrix} \to \begin{pmatrix} 1 & 6 & 0 & -1 \\ 0 & 0 & 1 & 3 \\ 0 & 0 & 0 & 0 \end{pmatrix}$$

$$r(A) = 2 < 4$$

故方程组有非零解.

（2）$A = \begin{pmatrix} 1 & 2 & 3 \\ 2 & 5 & 3 \\ 1 & 5 & 8 \end{pmatrix} \to \begin{pmatrix} 1 & 2 & 3 \\ 0 & 1 & -3 \\ 0 & 3 & 5 \end{pmatrix} \to \begin{pmatrix} 1 & 2 & 3 \\ 0 & 1 & -3 \\ 0 & 0 & 14 \end{pmatrix}$

$$r(A) = 3 = n$$

故方程组只有零解.

四、齐次线性方程组的基础解系

对于齐次线性方程组 $AX = 0$，其中 $A = (a_{ij})_{m \times n}$.

【定义3】 存在一个 n 维列向量 α 使得，

$$A\alpha = 0$$

则称 α 是齐次线性方程组的一个解向量.

注 解向量均为列向量.

【性质1】 若 X_1，X_2 是齐次线性方程组 $AX = 0$ 的解，则 $X_1 + X_2$ 也是 $AX = 0$ 的解.

【性质2】 若 X_1 是 $AX = 0$ 的解，k 为任意常数，则 kX_1 也是 $AX = 0$ 的解.

综合以上两个性质可得以下第3个性质.

【性质3】 若 $X_1, X_2, \cdots, X_s$ 是 $AX = 0$ 的解，$k_1, k_2, \cdots, k_s$ 为任意常数，则这些解的线性组合 $k_1 X_1 + k_2 X_2 + \cdots + k_s X_s$ 也是 $AX = 0$ 的解.

性质2表明，如果 $AX = 0$ 有非零解，则非零解一定有无穷多个. 由于方程组的一个解可以看作一个解向量，所以，对于 $AX = 0$ 的无穷多个解来说，它们构成了一个 n 维的解向量组. 这个解向量组中一定存在一个极大无关的解向量组，其他的所有解向量都可以由它们的线性组合表示. 因此，解齐次线性方程组实际上就是求它的解向量组的极大无关向量组.

【定义4】 设 $\eta_1, \eta_2, \cdots, \eta_s$ 是齐次线性方程组 $AX = 0$ 的一组解向量，且满足：

① $\eta_1, \eta_2, \cdots, \eta_s$ 线性无关；

② 齐次线性方程组 $AX = 0$ 的任一解向量都可以由 $\eta_1, \eta_2, \cdots, \eta_s$ 线性表出，则称

$\eta_1, \eta_2, \cdots, \eta_s$ 为齐次线性方程组 $AX=0$ 的基础解系.

【定理3】若齐次线性方程组 $AX=0$ 的未知量个数为 n，系数矩阵 A 的秩 $R(A)=r<n$，则它一定有基础解系，且一个基础解系包括 $n-r$ 个解向量.

关于齐次线性方程组基础解系的求法，通过下面的例子说明.

【例5.24】 求下列齐次线性方程组的基础解系.

$$\begin{cases} x_1-3x_2+x_3-2x_4=0 \\ -5x_1+x_2-2x_3+3x_4=0 \\ -x_1-11x_2+2x_3-5x_4=0 \\ 3x_1+5x_2+x_4=0 \end{cases}$$

【解】 对系数矩阵 A 施行初等行变换（在求基础解系过程中，只能用初等行变换）

$$A=\begin{pmatrix} 1 & -3 & 1 & -2 \\ -5 & 1 & -2 & 3 \\ -1 & -11 & 2 & -5 \\ 3 & 5 & 0 & 1 \end{pmatrix} \to \begin{pmatrix} 1 & -3 & 1 & -2 \\ 0 & -14 & 3 & -7 \\ 0 & -14 & 3 & -7 \\ 0 & -14 & 3 & -7 \end{pmatrix} \to \begin{pmatrix} 1 & -3 & 1 & -2 \\ 0 & -14 & 3 & -7 \\ 0 & 0 & 0 & 0 \\ 0 & 0 & 0 & 0 \end{pmatrix}$$

$$\to \begin{pmatrix} 1 & -3 & 1 & -2 \\ 0 & 1 & -3/14 & 1/2 \\ 0 & 0 & 0 & 0 \\ 0 & 0 & 0 & 0 \end{pmatrix} \to \begin{pmatrix} 1 & 0 & 5/14 & -1/2 \\ 0 & 1 & -3/14 & 1/2 \\ 0 & 0 & 0 & 0 \\ 0 & 0 & 0 & 0 \end{pmatrix}$$

由此可见，$r(A)=2<4$（未知数个数），方程组有无穷多组解，基础解向量有 $4-2=2$ 个.

由行简化阶梯形矩阵得原方程组的同解方程组为

$$\begin{cases} x_1=-\dfrac{5}{14}x_3+\dfrac{1}{2}x_4 \\ x_2=\dfrac{3}{14}x_3-\dfrac{1}{2}x_4 \end{cases} \quad (x_3, x_4 \text{ 为自由未知量})$$

为避免基础解向量中出现分数，可以对自由未知量取两组适当的数，这样通解表示出来更简单.

取 $\begin{cases} x_3=14 \\ x_4=0 \end{cases}$ 有 $\begin{cases} x_1=-5 \\ x_2=3 \end{cases}$，得到第一个解向量 $X_1=(-5,3,14,0)^T$

再取 $\begin{cases} x_3=0 \\ x_4=2 \end{cases}$ 有 $\begin{cases} x_1=1 \\ x_2=-1 \end{cases}$，得到第二个解向量 $X_2=(1,-1,0,2)^T$

故原方程组的通解为 $X=k_1X_1+k_2X_2$，其中 k_1, k_2 为任意常数. 即

$$X=k_1\begin{pmatrix} -5 \\ 3 \\ 14 \\ 0 \end{pmatrix}+k_2\begin{pmatrix} 1 \\ -1 \\ 0 \\ 2 \end{pmatrix} \quad (\text{其中 } k_1, k_2 \text{ 为任意常数})$$

则 X_1, X_2 就是齐次线性方程组的基础解系.

五、非齐次线性方程组的解的结构

非齐次线性方程组 $AX = B$，其中 $A = (a_{ij})_{m \times n}$.

$$B = \begin{pmatrix} b_1 \\ b_2 \\ \vdots \\ b_m \end{pmatrix}, \quad X = \begin{pmatrix} x_1 \\ x_2 \\ \vdots \\ x_n \end{pmatrix}$$

若令 $B = 0$，则得到对应的齐次线性方程组 $AX = 0$，称为 $AX = B$ 的导出组．利用导出组的解的结构，可以得出非齐次线性方程组 $AX = B$ 的解的结构．

非齐次线性方程组 $AX = B$ 及其导出组的解，有如下性质．

【性质 4】 非齐次线性方程组 $AX = B$ 的任意两个解的差是其导出组 $AX = 0$ 的一个解．

证：设 X_1，X_2 是 $AX = B$ 的两个解，则
$$AX_1 = B, \ AX_2 = B$$
于是 $A(X_1 - X_2) = AX_1 - AX_2 = 0$，即 $X_1 - X_2$ 是 $AX = 0$ 的解．

【性质 5】 非齐次线性方程组 $AX = B$ 的一个解 X_1，与其导出组 $AX = 0$ 的一个解 X_0 的和 $X_1 + X_0$ 是 $AX = B$ 的一个解．

证：因为 X_1 是 $AX = B$ 的解，X_0 是 $AX = 0$ 的解，所以
$$AX_1 = B, \ AX_0 = 0$$
于是 $A(X_1 + X_0) = AX_1 + AX_0 = B + 0 = B$，即 $X_1 + X_0$ 是 $AX = B$ 的一个解．

【定理 4】 设 X_1 是非齐次线性方程组 $AX = B$ 的一个解，则 $AX = B$ 的任意一个解 X 可以用 X_1 与导出组 $AX = 0$ 的某个解 η 之和来表示，即
$$X = X_1 + \eta$$

证：因为 X 与 X_1 是 $AX = B$ 的解，由性质 1 可知，$X - X_1$ 是导出组 $AX = 0$ 的一个解，记这个解为 $X - X_1 = \eta$，则得
$$X = X_1 + \eta$$

定理 4 表明，非齐次线性方程组 $AX = B$ 的任意一个解都可用它的某个解 X_1（称为特解）与导出组的某个解 η 之和来表示，当 η 取遍 $AX = 0$ 的全部解时，$X = X_1 + \eta$ 就是 $AX = B$ 的所有解．如果设 $\eta_1, \eta_2, \cdots, \eta_{n-r}$ 是导出组 $AX = 0$ 的一个基础解系，$k_1, k_2, \cdots, k_{n-r}$ 是任一组数，则非齐次线性方程组 $AX = B$ 的全部解为
$$X = k_1\eta_1 + k_2\eta_2 + \cdots + k_{n-r}\eta_{n-r} + X_1$$

这就是说，要求一个非齐次线性方程组的解，只需求它的某个特解，再求出其导出组的基础解系，然后将它们写成上述形式，即得非齐次线性方程组 $AX = B$ 的全部解．

【例 5.25】 求下列线性方程组的解．

(1) $\begin{cases} x_1 + 2x_2 + x_3 - x_4 = 4 \\ 3x_1 + 6x_2 - x_3 - 3x_4 = 8 \\ 5x_1 + 10x_2 + x_3 - 5x_4 = 16 \end{cases}$ (2) $\begin{cases} x_1 + x_2 + x_3 + x_4 + x_5 = 7 \\ 3x_1 + 2x_2 + x_3 + x_4 - 3x_5 = -2 \\ x_2 + 2x_3 + 2x_4 + 6x_5 = 23 \\ 5x_1 + 4x_2 - 3x_3 + 3x_4 - x_5 = 12 \end{cases}$

【解】 （1）

$$\widetilde{A} = \begin{pmatrix} 1 & 2 & 1 & -1 & 4 \\ 3 & 6 & -1 & -3 & 8 \\ 5 & 10 & 1 & -5 & 16 \end{pmatrix} \to \begin{pmatrix} 1 & 2 & 1 & -1 & 4 \\ 0 & 0 & -4 & 0 & -4 \\ 0 & 0 & -4 & 0 & -4 \end{pmatrix} \to \begin{pmatrix} 1 & 2 & 1 & -1 & 4 \\ 0 & 0 & 1 & 0 & 1 \\ 0 & 0 & 0 & 0 & 0 \end{pmatrix} \to \begin{pmatrix} 1 & 2 & 0 & -1 & 3 \\ 0 & 0 & 1 & 0 & 1 \\ 0 & 0 & 0 & 0 & 0 \end{pmatrix}$$

可见 $r(A) = r(\widetilde{A}) = 2 < 4$（未知数个数），方程组有无穷多组解，基本解向量有 $4 - 2 = 2$ 个.

①**先求对应的齐次方程组得通解**. 由行简化阶梯形矩阵得原方程组对应的齐次方程组的同解方程组为

$$\begin{cases} x_1 = -2x_2 + x_4 \\ x_3 = 0 \end{cases} \quad (x_2, x_4 \text{ 为自由未知量})$$

取 $\begin{cases} x_2 = 1 \\ x_4 = 0 \end{cases}$ 有 $\begin{cases} x_1 = -2 \\ x_3 = 0 \end{cases}$，得到第一个解向量 $X_1 = (-2, 1, 0, 0)^T$

再取 $\begin{cases} x_2 = 0 \\ x_4 = 1 \end{cases}$ 有 $\begin{cases} x_1 = 1 \\ x_3 = 0 \end{cases}$，得到第二个解向量 $X_2 = (1, 0, 0, 1)^T$

故原方程组对应的齐次方程组的通解为 $\overline{X} = k_1 X_1 + k_2 X_2$，其中，$k_1, k_2$ 为任意常数.

②**再求原方程组的一个特解**. 由行简化阶梯形矩阵得原方程组的同解方程组为

$$\begin{cases} x_1 = -2x_2 + x_4 + 3 \\ x_3 = 1 \end{cases} \quad (x_2, x_4 \text{ 为自由未知量})$$

令 $x_2 = x_4 = 0$，得 $x_1 = 3, x_3 = 1$，

从而特解为 $X_0 = (3, 0, 1, 0)^T$. 因此原方程组的通解为 $X = X_0 + \overline{X}$，即

$$X = \begin{pmatrix} 3 \\ 0 \\ 1 \\ 0 \end{pmatrix} + k_1 \begin{pmatrix} -2 \\ 1 \\ 0 \\ 0 \end{pmatrix} + k_2 \begin{pmatrix} 1 \\ 0 \\ 0 \\ 1 \end{pmatrix} \quad (\text{其中，} k_1, k_2 \text{ 为任意常数})$$

（2）

$$\overline{A} = \begin{pmatrix} 1 & 1 & 1 & 1 & 1 & 7 \\ 3 & 2 & 1 & 1 & -3 & -2 \\ 0 & 1 & 2 & 2 & 6 & 23 \\ 5 & 4 & -3 & 3 & -1 & 12 \end{pmatrix} \to \begin{pmatrix} 1 & 1 & 1 & 1 & 1 & 7 \\ 0 & -1 & -2 & -2 & -6 & -23 \\ 0 & 1 & 2 & 2 & 6 & 23 \\ 0 & -1 & -8 & -2 & -6 & -23 \end{pmatrix} \to \begin{pmatrix} 1 & 0 & -1 & -1 & -5 & -16 \\ 0 & 1 & 2 & 2 & 6 & 23 \\ 0 & 0 & 0 & 0 & 0 & 0 \\ 0 & 0 & -6 & 0 & 0 & 0 \end{pmatrix}$$

可见 $r(A) = r(\overline{A}) = 3 < 5$（未知量个数），方程组有无穷多组解，基本解向量有 $5 - 3 = 2$ 个.

由行简化阶梯形矩阵得原方程组的同解方程组为

$$\begin{cases} x_1 - x_3 - x_4 - 5x_5 = -16 \\ x_2 + 2x_3 + 2x_4 + 6x_5 = 23 \\ x_3 = 0 \end{cases}$$

即

$$\begin{cases} x_1 = -16 + x_3 + x_4 + 5x_5 \\ x_2 = 23 - 2x_3 - 2x_4 - 6x_5 \\ x_3 = 0 \end{cases} \quad (x_4, x_5 \text{ 为自由未知量})$$

①先求对应的齐次方程组得基本解向量.

取 $\begin{pmatrix} x_4 \\ x_5 \end{pmatrix} = \begin{pmatrix} 1 \\ 0 \end{pmatrix}$，得第一个基本解向量 $\boldsymbol{X}_1 = (1, \ -2, \ 0, \ 1, \ 0)^{\mathrm{T}}$

取 $\begin{pmatrix} x_4 \\ x_5 \end{pmatrix} = \begin{pmatrix} 0 \\ 1 \end{pmatrix}$，得第二个基本解向量 $\boldsymbol{X}_2 = (5, \ 6, \ 0, \ 0, \ 1)^{\mathrm{T}}$

②再求原方程组的一个特解.

取 $\begin{pmatrix} x_4 \\ x_5 \end{pmatrix} = \begin{pmatrix} 0 \\ 0 \end{pmatrix}$，得原方程组的一个特解为 $\boldsymbol{X}_0 = (-16, \ 23, \ 0, \ 0, \ 0)^{\mathrm{T}}$

因此，原方程组的通解为

$$\boldsymbol{X} = \boldsymbol{X}_0 + k_1 \boldsymbol{X}_1 + k_2 \boldsymbol{X}_2 = \begin{pmatrix} -16 \\ 23 \\ 0 \\ 0 \\ 0 \end{pmatrix} + k_1 \begin{pmatrix} 1 \\ -2 \\ 0 \\ 1 \\ 0 \end{pmatrix} + k_2 \begin{pmatrix} 5 \\ -6 \\ 0 \\ 0 \\ 1 \end{pmatrix} \quad (\text{其中，} k_1, k_2 \text{ 为任意常数})$$

习题 5.3

1. 求下列线性方程组的一般解

（1）$\begin{cases} x_1 - 3x_2 + 2x_3 + x_4 = 0 \\ -x_1 + 2x_2 - x_3 + 2x_4 = 0 \\ x_1 - 2x_2 + 3x_3 - 2x_4 = 0 \end{cases}$ （2）$\begin{cases} 2x_1 - 5x_2 + 2x_3 = -3 \\ x_1 + 2x_2 - x_3 = 3 \\ -2x_1 + 14x_2 - 6x_3 = 12 \end{cases}$

2. 设线性方程组

$$\begin{cases} 2x_1 - x_2 + x_3 = 1 \\ -x_1 - 2x_2 + x_3 = -1 \\ x_1 - 3x_2 + 2x_3 = c \end{cases}$$

试问 c 为何值时，方程组有解？若方程组有解，求出一般解.

3. 设线性方程组

$$\begin{cases} x_1 + x_3 = 2 \\ x_1 + 2x_2 - x_3 = 0 \\ 2x_1 + x_2 - ax_3 = b \end{cases}$$

讨论当 a,b 为何值时，方程组无解？有唯一解？有无穷多解？

4. 设齐次线性方程组
$$\begin{cases} x_1 - 3x_2 + 2x_3 = 0 \\ 2x_1 - 5x_2 + 3x_3 = 0 \\ 3x_1 - 8x_2 + \lambda x_3 = 0 \end{cases}$$

问 λ 取何值时方程组有非零解，并求一般解.

综合练习 5

1. 填空题

(1) 用消元法求得非齐次线性方程组 $AX=B$ 的阶梯形矩阵 $\overline{A} \to \begin{pmatrix} 1 & 3 & 2 & 1 & 0 \\ 0 & 2 & 1 & 0 & 1 \\ 0 & 0 & 0 & 0 & d+1 \\ 0 & 0 & 0 & 0 & 0 \end{pmatrix}$,

则当 $d=$ _____ 时，$AX=B$ 有解，且有 _____ 解.

(2) 当 $\lambda=$ _____ 时，齐次线性方程组 $\begin{cases} x_1 + x_2 = 0 \\ \lambda x_1 + x_2 = 0 \end{cases}$ 有非零解.

(3) 设方程组 $AX=B$ 有解，并且特解为 X_0，其对应的齐次线性方程组的基础解向量组为 $X_1, X_2, \cdots, X_{n-r}$，则方程组的通解可表示为_____.

(4) 设线性方程组 $AX=0$ 中有五个未知量，且 $r(A)=3$，则 $AX=0$ 的基本解向量组中解向量的个数为_____个.

2. 单项选择题

(1) 线性方程组 $A_{m \times n} X = B$ 有解的充要条件是（   ）.

A. $B=0$ B. $m<n$ C. $m=n$ D. $r(A)=r(\overline{A})$

(2) 以下结论正确的是（   ）.

A. 方程个数小于未知量个数的线性方程组一定有解

B. 方程个数等于未知量个数的线性方程组一定有唯一一组解

C. 方程个数大于未知量个数的线性方程组一定有无穷多组解

D. A、B、C 均不对

(3) 齐次线性方程组 $A_{3 \times 5} X_{5 \times 1} = 0$（   ）.

A. 无解   B. 只有零解

C. 必有非零解   D. 可能有非零解，也可能没有非零解

(4) 设 $AX=B$ 是有三个方程、四个未知量的线性方程组，而且 $r(A)=2, r(\overline{A})=3$，则这一方程组（   ）.

A. 无解   B. 有唯一一组解

C. 有无穷多组解   D. 不能确定

(5) n 元齐次线性方程组 $AX=0$ 有非零解时,它的基本解向量组中所含解向量的个数等于( )个.

A. $r(A)-n$ B. $r(A)+n$ C. $n-r(A)$ D. $n+r(A)$

(6) 若齐次线性方程组 $AX=0$ 的一般解中含有两个自由未知量 x_4, x_5,则在确定 $AX=0$ 的基本解向量组时,以下结论正确的是( ).

A. 基本解向量组中解向量的个数必为 5
B. 基本解向量组中解向量的个数必为 2
C. 必须分别取 $x_4=1$,$x_5=0$ 和 $x_4=0$,$x_5=1$
D. 不能分别取 $x_4=3$,$x_5=0$ 和 $x_4=0$,$x_5=5$

(7) 若线性方程组 $AX=B$ 的同解方程组为 $\begin{cases} x_1=2x_3+1 \\ x_2=3x_3-2 \end{cases}$($x_3$ 是自由未知量),则( ).

A. 令 $x_3=3$,得特解为 $X_0=(7,7,3)^T$ B. 只有令 $x_3=0$ 才能求得 $AX=B$ 的特解
C. 令 $x_3=0$,得特解为 $X_0=(1,-2)^T$ D. 令 $x_3=1$,得特解为 $X_0=(3,1)^T$

3. 判断下列向量组的线性相关性.

(1) $\alpha_1=(1,1,1)$,$\alpha_2=(0,2,5)$,$\alpha_3=(1,3,6)$;

(2) $\alpha_1=(1,-2,4,-8)$,$\alpha_2=(1,3,9,27)$,$\alpha_3=(1,4,16,64)$,$\alpha_4=(1,-1,1,-1)$.

4. 求下列向量组的秩及向量组的一个极大线性无关组.

(1) $\alpha_1=(1,1,1)$,$\alpha_2=(1,3,2)$,$\alpha_3=(1,1,4)$;

(2) $\alpha_1=(1,1,1,2)$,$\alpha_2=(3,1,2,5)$,$\alpha_3=(2,0,1,3)$,$\alpha_4=(1,-1,0,1)$.

5. 求下列齐次线性方程组的一个基础解系和全部解.

(1) $\begin{cases} x_1-3x_2+x_3-2x_4=0 \\ -5x_1+x_2-2x_3+3x_4=0 \\ -x_1-11x_2+2x_3-5x_4=0 \\ 3x_1+5x_2++x_4=0 \end{cases}$

(2) $\begin{cases} 3x_1-x_2-8x_3+2x_4+x_5=0 \\ x_1+11x_2-12x_3+34x_4-5x_5=0 \\ 2x_1-x_2-3x_3-7x_4+2x_5=0 \\ x_1-5x_2+2x_3-16x_4+3x_5=0 \end{cases}$

(3) $\begin{cases} x_1+3x_2+x_3+x_4=0 \\ 2x_1-2x_2+x_3+2x_4=0 \\ x_1+11x_2+2x_3+x_4=0 \end{cases}$

(4) $\begin{cases} 2x_1+2x_2-3x_3-4x_4-7x_5=0 \\ x_1+x_2-x_3+2x_4+3x_5=0 \\ -x_1-x_2+2x_3-x_4+3x_5=0 \end{cases}$

6. 求下列线性方程组的全部解.

(1) $\begin{cases} 2x_1+7x_2+3x_3+x_4=6 \\ 3x_1+5x_2+2x_3+2x_4=4 \\ 9x_1+4x_2+x_3+7x_4=2 \end{cases}$

(2) $\begin{cases} 2x_1+3x_2+x_3=4 \\ x_1-2x_2+4x_3=-5 \\ 3x_1+8x_2-2x_3=13 \\ 4x_1-x_2+9x_3=-6 \end{cases}$

(3) $\begin{cases} -5x_1+x_2+2x_3-3x_4=11 \\ x_1-3x_2-4x_3+2x_4=-5 \\ -9x_1-x_2+0x_3-4x_4=17 \\ 3x_1+5x_2+6x_3-x_4=-1 \end{cases}$

7. 当 t 为何值时，下列齐次线性方程组只有零解？有非零解？并求非零解．
$$\begin{cases} x_1 - 2x_2 + x_3 - x_4 = 0 \\ 2x_1 + x_2 - x_3 + x_4 = 0 \\ x_1 + 7x_2 - 5x_3 + 5x_4 = 0 \\ 3x_1 - x_2 - 2x_3 - tx_4 = 0 \end{cases}$$

8. 已知齐次线性方程组 $\begin{cases} \lambda_1 x_1 + x_2 + x_3 = 0 \\ x_1 + \lambda_2 x_2 + x_3 = 0 \\ x_1 + 2\lambda_2 x_2 + x_3 = 0 \end{cases}$ 有非零解，求 λ_1, λ_2．

9. 问线性方程组 $\begin{cases} -x_1 + x_2 - x_3 = 0 \\ x_1 - 2x_2 - x_3 = 0 \\ x_1 - x_2 + ax_3 = 0 \end{cases}$，当 a 为何值时有非零解，并求出其一般解．

10. 当 λ 取何值时，线性方程组 $\begin{cases} x_1 + x_2 + x_3 = 1 \\ 2x_1 + x_2 - 4x_3 = \lambda \\ -x_1 + 0x_2 + 5x_3 = 1 \end{cases}$ 有解？并求一般解．

11. 设线性方程组 $\begin{cases} x_1 + 0x_2 + x_3 = 2 \\ x_1 + 2x_2 - x_3 = 0 \\ 2x_1 + x_2 - ax_3 = b \end{cases}$，讨论当 a, b 为何值时，方程组无解，有唯一解，有无穷多解？

第6章　Mathematica 入门

学习目标

1. 熟练掌握 Mathematica 系统的使用方法；
2. 会用 Mathematica 系统解决相关的数学问题.

6.1　引言

Mathematica 是美国 Wolfram 公司开发的一个功能强大的数学软件系统，它主要包括数值计算、符号计算、图形绘制和程序设计等功能. 本章力图在较短的篇幅中给读者提供该软件系统的一个简要的介绍. 本章是依据 Mathematica 5.0 版本编写的，但是也适用于 Mathematica 的任何其他图形界面的版本.

6.2　Mathematica 的一般介绍

1. 启动

系统安装好以后，单击"开始"→"程序"→"Mathematica5.0"→"Mathematica5.0"菜单命令即可进入系统. 计算机屏幕出现 Mathematica 的主工作窗口，如图 6.1 所示.

图 6.1

2. 输入/输出

进入系统后，出现 Mathematica 的主工作窗口，即可键入指令．如键入 1＋2，然后按下 Shift＋Enter 组合键，即可得到结果．窗口显示如图 6.2 所示．

图 6.2

其中，In [1] 为第一输入行的标志，Out [1] 为第一输出行的标志（注意：输入行的标志 In [1]：＝，In [2]：＝，…；输出行的标志 Out [1] ＝，Out [2] ＝，… 均是计算机自动给出的）．如果输入的语句和表达式不能在一行显示完，可以按 Enter 键后在下一行继续输入．但一个命令或表达式在没写完需换行时则要加"\"符号，在后面按 Enter 键后继续输入．

3. Mathematica 中的数、运算符、变量、表达式、函数

1）数

Mathematica 的数据分为两大类：一类是我们平常写出的数，叫普通数；另一类是系统内部的常数，有固定的写法．

Mathematica 中的普通数有整数、有理数、实数、复数四种类型，见表 6.1．

表 6.1

类型	描述	实例	特征说明
整数	Integer	33889	任意长度的精确度
有理数	Rational	27/79	化简过的分数
实数	Real	109.0	任意精确度的近似数
复数	Complex	12.0+2I	实部、虚部可为整数、有理数、实数

Mathematica 系统内部的常数是指用特定的字符串表示的数学常数．例如，Pi 表示 π，E 表示自然对数的底 e，Degree 表示角度制单位的度（°），I 表示虚数单位 I，Infinity 表示∞．

注意：这些字符串书写时必须以大写字母开头．

2）运算符

算术运算符 ＋、－、*、/、^ 分别表示加、减、乘、除、乘方的运算，其中，在不引起混淆的情况下乘法运算符"*"也可省略不写．另外，开方可以表示成分数指数形式．上述运算的优先顺序同数学运算完全一致．

关系运算符 ==、!=、>、>=、<、<= 分别表示等于、不等于、大于、

大于等于、小于、小于等于.

逻辑运算符及其意义见表 6.2.

表 6.2

逻辑运算符	名称	实例	意义
!	非	!A	若 A 为真，则 !A 为假；若 A 为假，则 !A 为真
&&	与	A&&B	当 A、B 均真时，则 A&&B 为真；否则 A&&B 为假
||	或	A||B	当 A、B 中有一为真时，则 A||B 为真；否则 A||B 为假

3）变量

Mathematica 中变量的名称是以小写字母（不能以数字开头）开头的字符或字符串，但不能有空格和标点符号. 例如，abc 和 g2 均是合法的变量名. 在 Mathematica 中，变量即取即用，不需先说明变量的类型后再使用. 在 Mathematica 中，变量不仅可存放一个整数或复数，还可存放一个多项式或复杂的算式.

4）表达式

表达式是以变量、常量、运算符构成的式子、表，甚至是图形. 例如，
$$3*x^3-2*x+5 \text{ 和 } x<=0$$
分别是算术表达式和关系表达式.

书写表达式时，要注意以下几点：

①所有表达式必须以线性形式写出. 因此分子、分母、指数、下标等都必须写在同一行上.

②只能使用合法的标识符（字符或字符串）.

③为了指定运算的次序可以利用括号. 括号必须成对出现，且只有一种括号"()"，除了特定符号外不得使用方括号"[ ]"及花括号"{ }".

变量的赋值，格式为：
$$\text{变量名}=\text{表达式} \text{ 或变量名1}= \text{变量名2}= \text{表达式}$$

例如： a＝3*5^2

y＝2*x^2－1

代数式中的变量也可以用另一个变量（或代数式）替换，如把上例中变量 y 中的 x 用 Pi－x 替换，可表述为
$$y = 2*x^2-1$$
$$y/\cdot x->Pi-x$$

x->Pi-x 中的"→"是由键盘上的减号及大于号组成的，以后各节中不再说明.

变量的清除：当一个变量 a 无用时，可以用命令 Clear[a] 加以清除，以免影响后面计算的结果.

注意：在 Mathematica 中，内部函数或命令都是以大写字母开头的标识符（字符或字

符串）.

5）函数

（1）数值函数.

N[x，k]　　求出表达式的近似值，其中，k 为可选项，表示有效数字的位数.

Round[x]　　舍入取整.

Abs[x]　　取绝对值.

Max[x1，x2，…]　　取 x1，x2，…中的最大值.

Min[x1，x2，…]　　取 x1，x2，…中的最小值.

PrimeQ[n]　　n 为素数时为真，否则为假.

Mod[m，n]　　m 被 n 除的正余数.

GCD[n1，n2，…]　　n1，n2，…的最大公约数.

LCM[n1，n2、…]　　n1，n2，…的最小公倍数.

Sqrt[x]　　求平方根.

（2）基本初等函数.

Exp[x]　　以 e 为底的指数函数.

Log[x]　　以 e 为底的对数函数.

Cos[x]　　余弦函数.

Cot[x]　　余切函数.

Csc[x]　　余割函数.

ArcCos[x]　　反余弦函数.

ArcCot[x]　　反余切函数.

Log[a，x]　　以 a 为底的对数函数.

Sin[x]　　正弦函数.

Tan[x]　　正切函数.

Sec[x]　　正割函数.

ArcSin[x]　　反正弦函数.

ArcTan[x]　　反正切函数.

使用 Mathematica 系统中的数学函数要注意以下几点：

①Mathematica 系统中的函数都以大写字母开头，如果用户输入的函数没有用大写字母开头，Mathematica 将不能识别，并发出警告信息.

②Mathematica 系统中的函数的自变量都应放在方括号内.

③函数的自变量可以是数值，也可以是算术表达式.

④计算三角函数时，要注意使用弧度制；如果要使用角度制，不妨把角度制先乘以 Degree 常数（Degree＝π／180），转换为弧度制.

【例 6.1】 求表达式 lg2+ln3 的值.

【解】 输入：

$$\text{Log[10,2]+Log[3]}$$

(3) 自定义函数

①不带附加条件的自定义函数.

在 Mathematica 系统中，所有的输入都是表达式，所有的操作都是调用转化规则对表达式求值. 一个函数就是一条规则，定义一个函数就是定义一条规则. 定义一个一元函数的规则是

$$f[x\_]:=\text{表达式}$$

其中，表达式是以 x 为自变量的，x_称为形式参数，f 是函数名，函数名的命名规则同变量名的命名规则.

调用自定义函数 f[x_]，只需用实在参数（变量或数值等）代替其中的形式参数 x_即可.

在运行中，可用 "f[x_]:=." 清除函数 f[x_]的定义，用 Clear[f]清除所有以 f 为函数名的函数定义.

【例 6.2】 定义函数 $f(x)=x^3+2\sqrt{x}+\sin x$，先分别求 x=1、5.1、$\frac{\pi}{2}$ 时的函数值，再求 $f(x^2)$.

【解】 输入：

```
f[x_]:=x^3+2 Sqrt[x]+Sin[x]
f[1.]
f[5.1]
f[N[Pi]/2.]
f[x^2]
```

②带附加条件的自定义函数.

在使用 "f[x_]:=表达式" 定义规则时，可以给规则附加条件，附加条件放在定义规则表达式后面，通过 "/;" 与表达式连接. 规则的附加条件形式为：

$$f[x\_]:=\text{表达式} /;\text{条件}$$

在调用上述规则时，实在参数必须满足附加条件，系统才调用规则.

"附加条件" 经常写成用关系运算符连接的两个表达式，即关系表达式. 用一个关系表达式只能表示一个条件，如表示多个条件的组合，必须用逻辑运算符将多个关系表达式组合到一起.

【例 6.3】 设有分段函数 $f(x)=\begin{cases} e^x \sin x & x \leqslant 0 \\ \ln x & 0 < x \leqslant e \\ \sqrt{x} & x > e \end{cases}$

求 $f(-100)$、$f(1.5)$、$f(2)$ 及 $f(100)$.

【解】 输入：

```
f[x_]:=Exp[x]Sin[x]/;x<=0
```

```
f[x_]:=Log[x]/;(x>0)&&(x<=E)
f[x_]:=Sqrt[x]/;x>E
f[-100.0]
f[1.5]
f[2.0]
f[100.0]
```

4. 保存与退出

Mathematica 很容易保存 Notebook 中显示的内容，打开位于窗口第一行的"File"菜单，单击"Save"命后弹出保存文件时的对话框，按要求操作后即可把所要的内容存为 *.nb 文件. 如果只想保存全部输入的命令，而不想保存全部输出结果，则可以打开下拉式菜单"Kernel"，选中"Delete All Output"，然后执行保存命令. 而退出 Mathematica 与退出 Word 的操作是一样的.

5. 查询与帮助

查询某个函数(命令)的基本功能，键入"?函数名"，想要了解更多一些，键入"??函数名". 例如，输入

```
?Plot
```

则输出

```
Plot[f,{x,xmin,xmax}] generates a plot of f as a function of x from xmin to xmax. Plot[{f1,f2,...},{x,xmin,xmax}] plots several functions fi
```

输出信息告诉了我们关于绘图命令"Plot"的基本使用方法.

【例 6.4】 在区间 $[-1,1]$ 上做出抛物线 $y = x^2$ 的图形.

输入

```
Plot[x^2,{x,-1,1}]
```

则输出如图 6.3 所示.

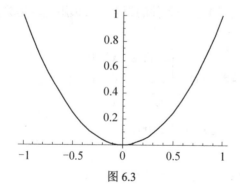

图 6.3

【例 6.5】 在区间 $[0,2\pi]$ 上做出 $y=\sin x$ 与 $y=\cos x$ 的图形.

输入
$$\text{Plot}[\{\text{Sin}[x],\text{Cos}[x]\},\{x,0,2\text{Pi}\}]$$

则输出如图 6.4 所示.

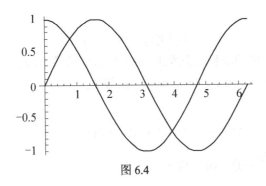

图 6.4

如果输入"??Plot",则 Mathematica 会输出关于这个命令的选项的详细说明,请读者试一试.

此外,Mathematica 的"Help"菜单中提供了大量的帮助信息,其中"Help"菜单中的第一项"Help Browser"(帮助浏览器)是常用的查询工具,读者若想了解更多的使用信息,则应自己通过"Help"菜单去学习.

6.3 微积分的函数命令

1. 函数极限的命令 Limit

其基本格式为
$$\text{Limit }[f[x],\ x{-}{>}a]$$

其中,f[x]是以 x 为自变量的函数或表达式;a 既可以是常数,也可以是无穷大(Infinity).

求表达式的左极限和右极限时,分别用如下形式实现:

Limit [f[x], x—>a, Direction—>1] (左极限)

Limit [f[x], x—>a, Direction—>−1] (右极限)

【例 6.6】 求 $\lim\limits_{x\to 0}\dfrac{e^x-1}{x}$.

【解】 输入:
$$\text{Limit}[(\text{Exp}[x]-1)/x,x{-}{>}0]$$

【例 6.7】 求 $\lim\limits_{x\to+\infty}(\dfrac{2x-1}{2x+1})^{x+1}$.

【解】 输入:

$$\text{Limit}[((2x-1)/(2x+1))^{\wedge}(x+1),x->+\text{Infinity}]$$

2. 求函数的导数与微分

（1）求函数导数的命令 D

其基本格式为

$$D[f[x], \{x, n\}]$$

其中，f[x]是以 x 为自变量的函数或表达式；n 为求导的阶数，若省略则系统默认为一阶.

【例 6.8】 求 $y = x^3 - 4\sin x + 2\arctan x - 9$ 的导数.

【解】 输入：

$$D[x^{\wedge}3-4\text{Sin}[x]+2\text{ArcTan}[x]-9,x]$$

【例 6.9】 求 $y = \dfrac{\sin x}{x}$ 的二阶导数.

【解】 输入：

$$D[\text{Sin}[x]/x,\{x,2\}]$$

（2）求函数微分的命令 Dt

其基本格式为

$$Dt[f[x]]$$

【例 6.10】 求 $y = \sin 2x$ 的微分.

【解】 输入：

$$Dt[\text{Sin}[2x]]$$

3. 求函数的极值

（1）求函数的极小值的命令 FindMinimum

其基本格式为

$$\text{FindMinimum}[f[x], \{x, x0\}]$$

其中，x0 为初始值，表示求出的是 f[x]在 x0 附近的极小值.

因此，一般需借助于 Plot 函数先做出函数的图像，由图像确定初始值，再利用 FindMinimum 求出 f[x]在 x0 附近的极小值.

【例 6.11】 求 $y = e^{-\frac{x}{2}}\sin x$ 的极小值.

【解】 输入：

```
y=Exp[-x/2]Sin[x]
Plot[y,{x,-5,6}]
FindMinimum[y,{x,-3}]
```

（2）求函数的极大值

因为函数 f[x]的图像与函数−f[x]的图像关于 x 轴是对称的，f[x]取得极大值时，−f[x]正好取得极小值，因此仍用 FindMinimum 函数求函数的极大值，其基本格式为

$$\text{FindMinimum}\ [-f\,[x]\,,\ \{x,\ x0\}\,]$$

其中，x0 为初始值，表示求出的是−f[x]在 x0 附近的极小值，设为 W，实际上间接地求出了 f[x]在 x0 附近的极大值，为−W.

4. 求不定积分、定积分和广义积分

（1）求不定积分

在 Mathematica 系统中用 Integrate 函数求函数的不定积分，其基本格式为

$$\text{Integrate}\ [f[x],\ x]$$

其中，f[x]是以 x 为自变量的函数或表达式.

【例 6.12】 求 $\int (x^3 - 4\sin x + 2\arctan - 9)\mathrm{d}x$.

【解】 输入：

```
Integrate[x^3-4Sin[x]+2ArcTan[x]-9,x]
```

【例 6.13】 求 $\int \dfrac{x + \sin x}{1 + \cos x}\mathrm{d}x$.

【解】 输入：

```
Integrate[(x+Sin[x])/(1+Cos[x]),x]
```

（2）求定积分和广义积分

计算定积分的命令 Integrate 格式为

$$\text{Integrate}\ [f[x],\ \{x,\ a,\ b\}\,]$$

其中，x 为积分变量；a、b 分别代表积分下限和上限，当 b 为∞时，即为广义积分.

【例 6.14】 求 $\int_0^1 x^2 \cos x \mathrm{d}x$.

【解】 输入：

```
Integrate[(x^2)Cos[x],{x,0,1}]
```

【例 6.15】 求 $\int_0^{+\infty} \mathrm{e}^{-2x}\mathrm{d}x$.

【解】 输入：

```
Integrate[Exp[-2x],{x,0,+Infinity}]
```

如果要得积分值的近似值，可使用 N 函数. 对于某些已经被证明其原函数不能用初等函数来表示的积分也可直接用 NIntegrate 函数求其数值解.

【例 6.16】 求 $\int_0^1 x^2 \cos x \mathrm{d}x$ 的近似值.

【解】 输入：
$$\text{NIntegrate[(x-2)Cos[x],\{x,0,1\}]}$$

【例 6.17】 求 $\int_0^1 \frac{\sin x}{x} dx$ 的数值解.

【解】 输入：
$$\text{Nintegrate[Sin[x]/x,\{x,0,1\}]}$$

6.4 线性代数的函数命令

1. 矩阵的输入

矩阵的输入采用二维表的形式, 其基本格式为
$$A=\{\{\cdots\},\{\cdots\},\cdots,\{\cdots\}\}$$
也可以采用另一种表格生成命令, 其基本格式为
$$\text{Table}[a(i,j),\{i,1,m\},\{j,1,n\}]$$

注 在输入矩阵时, 必须保证每个子表所含元素个数相同, 因为每子表的元素为矩阵对应行的元素, 不同元素间用逗号分隔. 另外, 矩阵的输出也是一个表的形式, 这有点不太符合我们的习惯. 因此, 我们可以用 MatrixForm[a] 函数解决这个问题, 其中 a 为矩阵.

【例 6.18】 输入矩阵 $a = \begin{pmatrix} -1 & 2 & 3 \\ 1 & 3 & 4 \\ 3 & 4 & 5 \end{pmatrix}$, 并按习惯形式输出.

【解】 输入：
$$\text{a=\{\{-1,2,3\},\{1,3,4\},\{3,4,5\}\}}$$
$$\text{MatrixForm[a]}$$

2. 方阵的行列式的值

计算一个方阵的行列式的命令 Det 格式为
$$\text{Det[a]}$$
其中, a 为方阵.

【例 6.19】 求矩阵 $a = \begin{bmatrix} -1 & 2 & 3 \\ 1 & 3 & 4 \\ 3 & 4 & 5 \end{bmatrix}$ 的行列式的值.

【解】 输入：
$$\text{a=\{\{-1,2,3\},\{1,3,4\},\{3,4,5\}\}}$$

De t[a]

3. 矩阵的运算

①矩阵的加、减、乘的运算符分别是＋、－、.，注意乘的运算符"."是键盘上的小数点.

②矩阵的数乘，表示为 k*a，其中 k 为一个常数.

【例 6.20】 已知矩阵 $a=\begin{bmatrix}1 & -2 & 5\\3 & -4 & 1\end{bmatrix}$，$b=\begin{bmatrix}5 & 6 & 7\\3 & 8 & 21\end{bmatrix}$，$c=\begin{bmatrix}1 & 1\\-2 & 2\\3 & 1\end{bmatrix}$. 求：

（1）$a+b$；（2）$a-b$；（3）$4a$；（4）bc.

【解】 输入：

```
Clear[a,b,c,d,e,f,g]
a={{1,-2,5},{3,-4,1}}
b={{5,6,7},{3,8,21}}
c={{1,1},{-2,2},{3,1}}
d=a+b
e=a-b
f=4a
g=b•c
MatrixFom[a]
MetrixFom[b]
MetrixFom[c]
MatrixFom[d]
MatrixForm[e]
MatrixForm[f]
MatrixForm[g]
```

4. 逆矩阵的求法

求矩阵的逆矩阵的命令 Inverse 格式为

Inverse [a]

【例 6.21】 求矩阵 $a=\begin{bmatrix}2 & 2 & 3\\1 & -1 & 0\\-1 & 2 & 1\end{bmatrix}$ 的逆矩阵，并说明它们的乘积为单位矩阵.

【解】 输入：

```
Clear[a.b,c]
a={{2,2,3},{1,-1,0},{-1,2,1}}
b=Inverse[a]
c=a•b
MatrixForm[a]
MatrixForm[b]
MatrixForm[c]
```

5. 求矩阵的转置、矩阵的秩及化为行简化阶梯形矩阵

求矩阵的转置命令的格式：

$$\text{Transpose}[\text{待处理的矩阵}]$$

求矩阵的秩的命令的格式：

$$\text{MatrixRank}[\text{待处理的矩阵}]$$

化矩阵为行简化的阶梯形矩阵的命令的格式：

$$\text{RowReduce}[\text{待处理的矩阵}]$$

【例 6.22】 已知矩阵 $a = \begin{bmatrix} 1 & -2 & 5 \\ 3 & -4 & 1 \end{bmatrix}$，求 a 的转置、秩及行简化阶梯形矩阵.

【解】 输入命令如下：

```
a={{1,-2,5},{3,-4,1}}
b=Transpose[a]
MatrixRank[a]
RowReduce[a]
```

6. 解线性方程组

解线性方程组 $ax=b$ 的函数是 LinearSolve，NullSpace，其中，a 是线性方程组的系数矩阵，b 是常数项矩阵，其命令的输入格式为

求方程组的特解　LinearSolve [a，b]

求方程组的通解　NullSpace [a]

【例 6.23】 解线性方程组 $\begin{cases} x_1 + x_2 - x_3 = 2 \\ -2x_1 + x_2 + x_3 = 3 \\ x_1 + x_2 + x_3 = 6 \end{cases}$.

【解】 输入：

```
Clear[a,b]
a={{1,1,-1},{-2,1,1},{1,1,1}}
```

```
            b={{2,3,6}}
          LinearSolve[a,b]
```

求得解为 $x_1=1$, $x_2=3$, $x_3=2$.

【例6.24】 求解线性方程组 $\begin{cases} x_1+2x_2+x_3-x_4=6 \\ 2x_1-x_2+x_3+3x_4+4x_5=-7 \\ 2x_1-x_2+2x_3+x_4-2x_5=-4 \\ 2x_1-3x_2+x_3+2x_4-2x_5=-9 \\ x_1+x_3-2x_4-6x_5=4 \end{cases}$.

【解】 输入：

```
a={{1,2,1,-1,0},{2,-1,1,3,4},{2,-1,2,1,-2},{2,-3,1,2,-2},{1,0,1,-2,-6}}
b={6,-7,-4,-9,4}
LinearSolve[a,b]        （注：求出一个特解）
NullSpace[a]            （注：求出一个基础解系）
```

求得通解为 $X=\begin{pmatrix} x_1 \\ x_2 \\ x_3 \\ x_4 \\ x_5 \end{pmatrix}=\begin{pmatrix} 1 \\ 2 \\ -1 \\ -2 \\ 0 \end{pmatrix}+k\begin{pmatrix} 0 \\ -20 \\ 14 \\ -26 \\ 11 \end{pmatrix}$.

附录 A 参考答案

第 1 章

习题 1.1

1. (1) $[-1,3]$； (2) $(-1,1)$； (3) $\{x \mid x \neq \frac{1}{3}(k\pi + \frac{\pi}{2} - 1), k \in \mathbf{Z}\}$； (4) $(-\infty, -3] \cup [3, +\infty)$.

2. $f(1) = 6, f(-2) = 0, f(\frac{1}{3}) = \frac{28}{9}, f(a+1) = a^2 + 5a + 6$.

3. $f(\frac{\pi}{2}) = 2, f(0) = 0, f(-\frac{\pi}{3}) = -\frac{1}{2}, f(1) = 1 + \sin 1$.

4. (1) 奇函数； (2) 非奇非偶函数； (3) 奇函数； (4) 偶函数.

5. (1) 单调增区间为 $[\frac{1}{3}(2k\pi - \frac{\pi}{2} + 1), \frac{1}{3}(2k\pi + \frac{\pi}{2} + 1)]$ $(k \in \mathbf{Z})$，

   单调减区间为 $[\frac{1}{3}(2k\pi + \frac{\pi}{2} + 1), \frac{1}{3}(2k\pi + \frac{3\pi}{2} + 1)]$ $(k \in \mathbf{Z})$.

   (2) 单调增区间为 $[1, +\infty)$. (3) 单调减区间为 $(-\infty, +\infty)$.

   (4) 单调减区间为 $(-\infty, 1]$，单调增区间为 $[1, +\infty)$.

6. (1) $y = \sin u, u = \ln x$； (2) $y = e^u, u = \sqrt{x}$；

   (3) $y = 3u, u = \tan v, v = x^2$； (4) $y = \sqrt{u}, u = \frac{1}{v}, v = \cos w, w = x+1$.

7. $A = \pi r^2 + \frac{2V}{r}$ $(r > 0)$.

8. (1) $y = \begin{cases} 9 & 0 < x \leq 2.3 \\ 9 + 2.6(x - 2.3) & x > 2.3 \end{cases}$；

   (2) 42.02 元； (3) 18.07 千米.

习题 1.2

1. (1) 1； (2) 2； (3) $-\frac{3}{2}$； (4) -1； (5) 1； (6) $\frac{1}{2}$.

2. B.

3. (1) 4； (2) -9； (3) $\frac{1}{6}$； (4) $\frac{3}{5}$； (5) 0； (6) ∞； (7) 0；

   (8) ∞； (9) $3x^2$； (10) $\frac{2^{30} \times 3^{20}}{5^{50}}$； (11) $-\frac{1}{2}$； (12) 不存在.

4. 不存在.

5. $a=-1, b=-4$.

习题 1.3

1. (1) 无穷小； (2) 无穷小； (3) 无穷大； (4) 无穷大.

2. $x \to 0$ 时是无穷小，$x \to -1$ 时是无穷大.

3. $x^3 + 3x^2$ 是较高阶无穷小.

4. 不能，因为此时两函数都不是无穷小.

5. (1) 0； (2) 0； (3) $\dfrac{2}{3}$； (4) $\dfrac{1}{4}$； (5) $\dfrac{1}{2}$； (6) $\dfrac{1}{5}$.

习题 1.4

1. (1) $\dfrac{2}{3}$； (2) 1； (3) $\cos a$； (4) 0； (5) $\dfrac{25}{2}$； (6) 1.

2. (1) e^3； (2) e^{-2}； (3) e^8； (4) e； (5) $e^{-\frac{1}{2}}$； (6) e^{-1}.

3. $a = \ln 2$.

习题 1.5

1. $(-\infty, -1), (-1, 3), (3, +\infty)$.

2. (1) $\dfrac{e^2 + 1}{2}$； (2) 1； (3) 0； (4) 1.

3. 连续.

4. (1) $x = 0$，可去间断点； (2) $x = 1$，可去间断点，$x = -1$，无穷间断点； (3) $x = 0$，跳跃间断点.

5. $a = 3$.

6. 令 $f(x) = x \cdot 2^x - 1$，则 $f(x)$ 在 $[0,1]$ 连续，又 $f(0) = -1 < 0, f(1) = 1 > 0$，由零点定理，存在 $\xi \in (0,1)$，使得 $f(\xi) = \xi \cdot 2^\xi - 1 = 0$，故 ξ 是已知方程的一个小于1的正实根.

综合练习 1

一、1. $(1, +\infty)$； 2. $0, -$； 3. e^3； 4. 4； 5. $(-\infty, 1), (2, +\infty)$； 6. 0； 7. 2.

二、1. D； 2. B； 3. C； 4. C； 5. D； 6. A； 7. A.

三、1. (1) $-\dfrac{2}{3}$； (2) $\dfrac{1}{2}$； (3) 0； (4) ∞； (5) 0； (6) $-\dfrac{1}{5}$；

(7) 18； (8) e^{-4}； (9) 0； (10) $\dfrac{1}{2}$； (11) $\dfrac{3}{2}$； (12) $\dfrac{1}{3}$.

2. 连续区间为 $(-\infty, 0), (0, 1), (1, 2), (2, +\infty)$，间断点为 $x = 0, x = 1, x = 2$，均为无穷间断点.

3. $a = 2, b = -3$. 11. $a = 1, b = 1$.

四、证明题

1. 令 $G(x) = \dfrac{f(x) + f(-x)}{2}, H(x) = \dfrac{f(x) - f(-x)}{2}$，则 $f(x) = G(x) + H(x)$，

由 $G(-x) = \dfrac{f(-x)+f(x)}{2} = G(x)$ 及 $H(-x) = \dfrac{f(-x)-f(x)}{2} = -H(x)$，

知 $G(x)$ 为偶函数，$H(x)$ 为奇函数.

故 $f(x)$ 可表示为一个奇函数和一个偶函数的和.

2. 令 $f(x) = x^5 - 2x^2 + 1$，则 $f(x)$ 在 $[0,1]$ 上连续，

又因为 $f(0) = 1 > 0, f(0.9) = -0.02951 < 0$，

由零点定理，存在 $\xi \in (0, 0.9)$，使得 $f(\xi) = 0$，

又 $(0, 0.9) \subset (0,1)$，故上述 $\xi \in (0,1)$.

即 ξ 是已知方程在 $(0,1)$ 上的一个实根，命题得证.

第 2 章

习题 2.1

1. 不可导； 2.（1）$y' = \dfrac{1}{2\sqrt{x}}$；（2）$y' = -\dfrac{1}{2}x^{-\frac{3}{2}}$；（3）$y' = 2^x \ln 2$；（4）$y' = \dfrac{1}{x \ln 5}$

3. $f'(x) = \dfrac{7}{8}x^{-\frac{1}{8}}$，$f'(1) = \dfrac{7}{8}$，$[f(1)]' = 0$； 4. $(1,1)$；$(-1,-1)$

5.（1）-2；（2）2.

习题 2.2

1.（1）$-\dfrac{2}{x^3} - \sin x$；　　　　　　　（2）$2x \ln x + \dfrac{5}{2}x\sqrt{x} + x$；

（3）$2x \tan x + x^2 \sec^2 x - \sin x$；　　（4）$x \sec x (x \tan x + 2)$；

（5）$-\dfrac{1 + \cos x}{(x + \sin x)^2}$；　　　　　　（6）$\dfrac{2(1 + x^2)}{(1 - x^2)^2}$；

（7）$2e^x \sin x$；　　　　　　　　　（8）$\dfrac{\sec^2 x}{\ln x + 1} - \dfrac{\tan x}{x(\ln x + 1)^2}$；

（9）$-\dfrac{1 + \cos x}{\sin^2 x}$；　　　　　　　（10）$-\dfrac{2}{x(1 + \ln x)^2}$；

（11）$\ln x$；　　　　　　　　　　　（12）$a^x e^x (\ln a + 1)$；

（13）$2e^x (\cos x + x\cos x - x \sin x)$；（14）$\dfrac{(x^2 + 2x - 1)\arctan x + x + 1}{(1 + x)^2}$；

（15）$-\dfrac{2(\sin x + x^2 \sin x + 2x \cos x)}{(1 + x^2)^2}$；

（16）$2x \ln x \cdot \sin x + x \sin x + x^2 \ln x \cdot \cos x$.

2.（1）$84x^3 (3x^4 - 1)^6$；（2）$\dfrac{3}{2}\sqrt{x} - \dfrac{e^{\frac{1}{x}}}{x^2}$；（3）$\dfrac{\ln x}{x\sqrt{\ln^2 x + 1}}$；

（4）$2x \sin \dfrac{1}{x} - \cos \dfrac{1}{x}$；（5）$\dfrac{1}{2\sqrt{x + \sqrt{x + \sqrt{x}}}} \left[1 + \dfrac{1}{2\sqrt{x + \sqrt{x}}}\left(1 + \dfrac{1}{2\sqrt{x}}\right)\right]$；

(6) $\dfrac{7}{8}x^{\frac{1}{8}}$;　(7) $\dfrac{1}{x\ln x \cdot \ln\ln x}$;　(8) $2^{\sin x}\cos x \cdot \ln 2 - \dfrac{\sin\sqrt{x}}{2\sqrt{x}}$;

(9) $\dfrac{1}{\sqrt{1+x^2}}$;　(10) $\dfrac{2x\cot 3x + 3(x^2-1)\csc^2 3x}{(1-x^2)^2}$;　(11) $-3\cos 3x \cdot \sin(2\sin 3x)$;

(12) $\dfrac{1}{x(1+\ln^2 x)}$;　(13) $\dfrac{(\sin 2x + 2x\cos 2x)(1+\tan x) - 2x\tan x}{(1+\tan x)^2}$;

(14) $\dfrac{2xe^{\arcsin x^2}}{\sqrt{1-x^4}}$.

3. (1) $\dfrac{1-3x^2-y}{x-3y^2-1}$;　(2) $-\dfrac{1+y\sin xy}{1+x\sin xy}$;　(3) $\dfrac{ye^x - e^y + 1}{xe^y - e^x}$;

(4) $\dfrac{xy-y^2}{xy+x^2}$;　(5) $\dfrac{y\cos x + \sin(x-y)}{\sin(x-y) - \sin x}$;　(6) $-\dfrac{(1+xy)e^{xy}}{1+x^2 e^{xy}}$;

(7) $\dfrac{y - e^{x+y}}{e^{x+y} - x}$;　(8) $-\dfrac{b^2 x}{a^2 y}$.

4. (1) $\dfrac{x^{\sqrt{x}}}{\sqrt{x}}\left(\dfrac{\ln x}{2} + 1\right)$;　(2) $(\cos x)^{\tan x} \cdot (\sec^2 x \ln\cos x - \tan^2 x)$;

(3) $\left(1+\dfrac{1}{x}\right)^x \cdot \left[\ln\left(1+\dfrac{1}{x}\right) - \dfrac{1}{1+x}\right]$.

5. (1) 3840，0;　(2) 0;　(3) $-2e^{2\pi}$;　(4) $\dfrac{4}{(1+x^2)^2}$.

6. (1) $(x+n)e^x$;　(2) $n!$;　(3) $2^{n-1}\cos\left(\dfrac{n\pi}{2} + 2x\right)$;

(4) $(-1)^n \dfrac{(n-2)!}{x^{n-1}}$，$n \geqslant 2$;　(5) $a_0 n!$.

习题 2.3

1. (1) $2x^2 + C$　(2) $-\cos x + C$　(3) $\arctan x + C$

(4) $\arcsin x + C$　(5) $2\sqrt{x} + C$　(6) $\dfrac{1}{x} + C$

(7) $\dfrac{1}{2}e^{2x} + C$　(8) $\ln x + C$

2. (1) $dy = \left(-\dfrac{2}{x^2} + \dfrac{1}{2\sqrt{x}}\right)dx$　(2) $dy = (\cos 3x - 3x\sin 3x)dx$

(3) $dy = 3\cot 3x\, dx$　(4) $dy = (2xe^x + x^2 e^x)dx$

3. (1) 1.0075　(2) -0.02　(3) $\dfrac{1}{40} + \dfrac{\pi}{4}$

4. $2\pi R_0 h$

综合练习 2

1. 0 处连续可导，1 处连续可导．

2. $\sqrt{2}x+8y-9\sqrt{2}=0$,$4\sqrt{2}x-y-3\sqrt{2}=0$.

3.（1）$3x^2-\dfrac{1}{x^2}$; （2）$y=3\left(e^{3x}+\dfrac{1}{x}\right)$; （3）$\dfrac{1}{x^2}\tan\dfrac{1}{x}$;

（4）$y=\dfrac{3}{4}e^{\tfrac{3x}{4}}$; （5）$\dfrac{1}{4}\cdot\dfrac{2e^x+\sqrt{e^x}}{\sqrt{e^x+\sqrt{e^x}}}$; （6）$\dfrac{1-4x-x^2}{3\sqrt[3]{(x+2)^2(x^2+1)^4}}$;

（7）$\dfrac{1}{2x\sqrt{x-1}\cdot\arccos\dfrac{1}{\sqrt{x}}}$; （8）$\dfrac{e^x}{\sqrt{1+e^{2x}}}$.

4.（1）$\dfrac{3x^2}{4y^3+\cos y}$; （2）$\dfrac{-x(y^2-1)^2}{y}$; （3）$\dfrac{x+y}{x-y}$; （4）$\dfrac{e^y}{1-xe^y}$.

5.（1）$30x^4+12x$; （2）$y=\dfrac{n!}{(1-x)^{n+1}},(x\neq 1)$.

6.（1）$\left[(2x+4)\sqrt{x^2-\sqrt{x}}+\dfrac{(x^2+4x)(4x\sqrt{x}-1)}{4\sqrt{x}\cdot\sqrt{x^2-\sqrt{x}}}\right]dx$; （2）$\left(\dfrac{2\ln x}{x}+1\right)dx$;

（3）$\dfrac{2}{\sqrt{1-x^2}}dx$; （4）$-e^{-x}[\sin(2-x)+\cos(2-x)]dx$;

*7.（1）0.5076; （2）2.7455.

第3章

习题 3.1

1.（1）满足，$\xi=\dfrac{\pi}{2}$; （2）满足，$\xi=0$.

2.（1）满足，$\xi=\dfrac{9}{4}$; （2）满足，$\xi=\dfrac{1}{\ln 2}$.

习题 3.2

1.（1）$\dfrac{m}{n}a^{m-n}$; （2）2; （3）$\dfrac{1}{2}$; （4）2; （5）$\dfrac{1}{2}$; （6）$\dfrac{1}{2}$;

（7）0; （8）0; （9）$\dfrac{1}{2^7}$; （10）2; （11）1; （12）e;

习题 3.3

1.（1）$(-\infty,\dfrac{1}{2})$ 单调增加，$(\dfrac{1}{2},+\infty)$ 单调减少; （2）$(-1,1)$ 单调增加，$(-\infty,-1)\bigcup(1,+\infty)$ 单调减少;

（3）$(0,+\infty)$ 单调增加，$(-1,0)$ 单调减少; （4）$(0,+\infty)$ 单调增加，$(-\infty,0)$ 单调减少.

2.（1）极大值点 $x=-1$，极大值 17；极小值点 $x=3$，极小值 -47;

（2）极大值点 $x=\dfrac{1}{2}$，极大值 $\dfrac{81}{4}\cdot\left(\dfrac{9}{4}\right)^{\tfrac{1}{3}}$；极小值点 $x=-1,5$，极小值 0;

(3) 无极大值；极小值点 $x = e^{-\frac{1}{2}}$，极小值 $-\frac{1}{2}e^{-1}$；

(4) 极大值点 $x = \pm 1$，极大值 e^{-1}；极小值点 $x = 0$，极小值 0；

3. 求下列函数在给定区间上的最大值与最小值：

(1) $f_{\max}\left(\frac{1}{2}\right) = \frac{9}{4}$，$f_{\min}(5) = -18$；　(2) $f_{\max}(0) = 0$，$f_{\min}(-1) = -\frac{5}{3}$.

4. 圆柱底面半径 $r = 2\,\text{m}$，$h = 4\,\text{m}$ 时，用料最省.

5. $AB = \frac{2\sqrt{10}}{\sqrt{\pi+4}} \approx 2.37\,\text{m}$，$BC = \frac{\sqrt{10}}{\sqrt{\pi+4}} \approx 1.18\,\text{m}$ 时，所用材料最省.

6. (1) $(-\infty, 0)$ 下凸，$(0, +\infty)$ 上凸，拐点 $(0, 0)$；

(2) $(0, e^{-\frac{3}{2}})$ 凸的，$(e^{-\frac{3}{2}}, +\infty)$ 凹的，拐点 $(e^{-\frac{3}{2}}, -\frac{3}{2}e^{-3})$.

综合练习 3

1. $\xi = \frac{1}{2}$.

2. (1) 2；　(2) 1；　(3) $\frac{1}{6}$；　(4) 2；　(5) 2；　(6) $\frac{1}{4}$；

3. (1) $(-\infty, 0) \cup (1, +\infty)$ 单调增加，$(0, 1)$ 单调减少；　(2) $[0, 1)$ 单调增加，$(1, 2]$ 单调减少.

4. (1) $f_{\text{极大}}\left(\frac{1}{3}\right) = \frac{\sqrt[3]{4}}{3}$，$f_{\text{极小}}(1) = 0$；　(2) $f_{\text{极小}}(0) = 0$.

5. 长 $32\,\text{m}$、宽 $16\,\text{m}$.

6. (1) $f_{\text{最大}}(-1) = 3$，$f_{\text{最小}}(1) = 1$；　(2) $f_{\text{最大}}(0) = 1$，$f_{\text{最小}}(3) = \frac{1}{27}$；

(3) $f_{\text{最大}}\left(\frac{\sqrt{6a}}{3}\right) = \frac{2a^3}{3\sqrt{3}}$，$f_{\text{最小}}(0) = f_{\text{最小}}(a) = 0$；　(4) $f_{\text{最大}}(4) = \frac{3}{5}$，$f_{\text{最小}}(0) = -1$.

7. (1) $(-\infty, 0)$ 上凸，$(0, +\infty)$ 下凸，拐点 $(0, 0)$；　(2) $(-\infty, +\infty)$ 下凸，无拐点；

(3) $(-\infty, \frac{5}{3})$ 上凸，$(\frac{5}{3}, +\infty)$ 下凸，拐点 $(\frac{5}{3}, \frac{-250}{27})$.

第4章

习题 4.1

1. D.　2. 0.　3. $\int_0^1 x^2 \,\mathrm{d}x > \int_0^1 x^3 \,\mathrm{d}x$.　4. $3 \leqslant \int_{-1}^2 (x^2 + 1)\,\mathrm{d}x \leqslant 15$；　5. $1 - \frac{3}{e^2}$.

习题 4.2

1. (1) B　(2) B　(3) B　(4) D　(5) A　(6) C　(7) B　(8) A

2. (1) $\frac{5}{3}x^3 - \frac{1}{2}x^2 + 3x + C$；　(2) $\frac{2}{5}x^{\frac{5}{2}} - 2x^{\frac{1}{2}} + C$；　(3) $-3x^{-\frac{1}{3}} + C$；

(4) $x - \arctan x + C$.　　(5) $\dfrac{2^x}{\ln 2} + e^x + C$.　　(6) $\dfrac{3^x e^x}{1+\ln 3} + C$;

(7) $\dfrac{2}{5}x^{\frac{5}{2}} - \dfrac{1}{2}x^2 + \dfrac{2}{3}x^{\frac{3}{2}} - x + C$;　　(8) $-\dfrac{1}{x} - \arctan x + C$;

(9) $2\sqrt{x} - \dfrac{4}{3}x^{\frac{3}{2}} + \dfrac{2}{5}x^{\frac{5}{2}} + C$;　　(10) $\dfrac{1}{2}\tan x + C$;

3. $y = x^2 + 1$.

4. $y = \dfrac{1}{3}x^3 + 3$.

习题 4.3

1. (1) D　(2) A　(3) B　(4) C　(5) B　(6) C　(7) C　(8) B
　(9) A　(10) C

2. (1) $\dfrac{1}{2}e^{2x+3} + C$;　　(2) $-\dfrac{1}{3(3x+5)} + C$;　　(3) $\dfrac{1}{3}(1+2x)^{\frac{3}{2}} + C$;

(4) $\sqrt{x^2 - 4} + C$;　　(5) $\arctan e^x + C$;　　(6) $\dfrac{1}{4}e^{4x} + \dfrac{1}{3}e^{3x} + e^x + C$;

(7) $\dfrac{1}{3}\arctan\dfrac{x}{3} + C$;　　(8) $\dfrac{1}{4}\ln\left|\dfrac{2+x}{2-x}\right| + C$;　　(9) $\dfrac{1}{4}\sin^4 x - \dfrac{1}{6}\sin^6 x + C$;

(10) $-\cos e^x + C$;　　(11) $\dfrac{1}{3}\cos^3 x - \cos x + C$;　　(12) $\dfrac{1}{2}x^2 - \dfrac{1}{2}\ln|x^2+1| + C$;

(13) $\dfrac{2}{3}(x+1)^{\frac{3}{2}} - 2(x+1)^{\frac{1}{2}} + C$;　　(14) $2\sqrt{x+2} - 2\ln\left|\sqrt{x+2} + 1\right| + C$;

(15) $\sqrt[6]{x} - \arctan\sqrt[6]{x} + C$;　　(16) $\ln\left|x + \sqrt{9+x^2}\right| + C$;　　(17) $e^x(x^2 - 2x + 2) + C$;

(18) $x^2\sin x + 2x\cos x - 2\sin x + C$;　　(19) $\dfrac{1}{3}x^3\ln x - \dfrac{1}{9}x^3 + C$;

(20) $\dfrac{x^2}{2}\ln x - \dfrac{x^2}{4} + C$;

3. (1) $3 - 3\ln\dfrac{5}{2}$;　(2) $1.5\ln 2$;　(3) $\dfrac{2}{3}\ln 2$;　(4) $\dfrac{2}{\pi}$;　(5) $4 - 2\ln 3$;　(6) $1 - \dfrac{\pi}{4}$;

(7) $1 - \dfrac{\pi}{4}$;　(8) $\ln\dfrac{2}{3}$;　(9) $2(\ln 2)^2 - 2\ln 2 + \dfrac{3}{4}$;　(10) $\pi - \dfrac{4}{3}$;　(11) $\dfrac{a^2}{16}\pi$;

(12) $2 - \dfrac{\pi}{4}$;　(13) $2 - 2\ln\dfrac{3}{2}$;　(14) $2(\sqrt{3} - 1)$;　(15) 1;　(16) $\dfrac{1}{4}e^2 + \dfrac{1}{4}$;

(17) $6 - 2e$;　(18) $\dfrac{1}{2}e^{\frac{\pi}{2}} + \dfrac{\sqrt{2}}{2}$;　(19) $\dfrac{\pi}{4} - \ln\dfrac{\sqrt{2}}{2}$;　(20) $\dfrac{1}{2} - \dfrac{1}{2}\ln 2$.

4. (1) $2f(2x)$;　(2) xe^{-x^2};　(3) $-\dfrac{\cos x}{1+\sin^2 x}$;　(4) $2xe^{x^2}$;　(5) $-\sin x$.

5. (1) 1;　(2) $\dfrac{1}{2}$.

6. (1) 0； (2) 0； (3) 2； (4) $\dfrac{4}{3}$．

习题 4.4

1. $10\dfrac{2}{3}$． 2. $\dfrac{3}{2}-\ln 2$ 3. $2-\sqrt{2}$，$\dfrac{\pi^2}{4}-\dfrac{\pi}{2}$． 4. $9\dfrac{3}{5}\pi$，$4\dfrac{4}{5}\pi$．

5. $1\dfrac{1}{8}$． 6. $\dfrac{e^2}{6}\pi-\dfrac{\pi}{2}$． 7. 18． 8. $\dfrac{8}{3}\pi$． 9. $\dfrac{1}{2}\pi$． 10. 19万元，20万元．

习题 4.5

1. (1) A； (2) C； (3) D； (4) A； (5) C；
   (6) A； (7) C； (8) C； (9) C； (10) A．

2. (1) 1； (2) $+\infty$； (3) $\dfrac{1}{2}$； (4) -1； (5) 2； (6) π； (7) $\dfrac{\pi}{4}$．

习题 4.6

1. (1) 是，特解； (2) 是，通解．

2. (1) $C=e+e^2$； (2) $C_1=0, C=1$．

3. (1) $y=Ce^{\frac{x^2}{2}}$； (2) $(x-1)(y+1)=C$； (3) $\ln^2 x+\ln^2 y=C$；
   (4) $x^2+y^2=\ln(Cx^2)$； (5) $5^x+5^{-y}=6$； (6) $x^2+y^2=25$；
   (7) $2(x^3-y^3)+3(x^2-y^2)=5$； (8) $y=x^3$．

4. (1) $y^2=x-\dfrac{1}{x}+C$； (2) $y=e^{-x}+Ce^{-2x}$； (3) $y=\dfrac{x^2}{4a}+\dfrac{C}{x^2}$；
   (4) $y=-\dfrac{2}{3}+Ce^{\frac{3}{2}x^2}$； (5) $y=(x+1)^2\left[\dfrac{1}{2}(x+1)^2+C\right]$；
   (6) $y=-\dfrac{1}{3}x^2\cos 3x+Cx^2$； (7) $y=\dfrac{1}{x}(\pi-1-\cos x)$；
   (8) $y=\dfrac{x}{\cos x}$； (9) $y=x^2\left(\dfrac{1}{2}\ln x+2\right)$； (10) $y=\dfrac{1}{x}(e^x+ab-e^a)$．

5. $x^2+y^2=2$．

6. $s=2.5\times 2^{\frac{t}{5}}$．

7. $Q=200\left(\dfrac{1}{2}\right)^p$．

8. $L=\left(L_0-\dfrac{b+1}{a}\right)e^{-ax}-x+\dfrac{b+1}{a}$．

综合练习 4

一、1. $e^{\frac{x}{3}}$． 2. $-\sqrt{1+2x}+C$． 3. $kx+C$． 4. $3\cot(3x+1)$．

5. $-\dfrac{1}{2}\sin\dfrac{2}{x}+C$.   6. $-F(e^{-x})+C$.   7. $\ln|x+\sin x|+C$.

8. $\arctan x - \arcsin x + C$.   9. $-\dfrac{1}{2}F(1-2x)+C$.   10. $\ln x + C$.   11. $\ln x + 1$.

12. $-e^{\frac{x}{2}}+C$.   13. $-\cos x + C$.   14. $\dfrac{1}{3}\arctan x^3 + C$.   15. $\dfrac{1}{2}$.   16. 0.

17. $\sqrt{\sin x}$.   18. $\sin\sqrt{2}$.   19. 一.   20. $y=x^2+5$.

二、1. A   2. D   3. D   4. D   5. C   6. C   7. C   8. A   9. C   10. C   11. D   12. B

三、1.（1）$\dfrac{1}{9}\dfrac{\sqrt{x^2-9}}{x}+C$；（2）$2\sqrt{x}\ln(1+x)-4\sqrt{x}+4\arctan\sqrt{x}+C$；

（3）$\dfrac{1}{3}x^3\ln(x+1)+\dfrac{1}{3}\ln(x+1)-\dfrac{1}{9}x^3+\dfrac{1}{6}x^2-\dfrac{1}{3}x+C$；（4）$\ln|x|-2\arctan(2x)+C$；

（5）$-2\ln|\cos x|+C$；（6）$-\dfrac{1}{2}x\cos 2x+\dfrac{1}{4}\sin 2x+C$；（7）$\ln|2+\sin 2x|+C$；

（8）$-\dfrac{1}{2}x^2 e^{-x^2}-\dfrac{1}{2}e^{-x^2}+C$；（9）$\sqrt{2x-1}e^{\sqrt{2x-1}}-e^{\sqrt{2x-1}}+C$；

（10）$-\dfrac{\sqrt{2-x^2}}{x}-\arcsin\dfrac{x}{\sqrt{2}}+C$；（11）$\tan(\ln x)+C$；（12）$\ln\left|\dfrac{1+x}{2+x}\right|+C$；

（13）$x+\dfrac{1}{2}\cos 2x+C$；（14）$\dfrac{2}{45}\sqrt{(3x+2)^5}-\dfrac{4}{27}\sqrt{(3x+2)^3}+C$；

（15）$e^x - \ln|1+e^x|+C$；（16）$\tan x - \sec x + C$；（17）$-\cot x + \csc x + C$；

（18）$\dfrac{1}{2}\arctan(\dfrac{1}{2}\tan x)+C$.

2.（1）2；（2）$\dfrac{1}{2}$.

3.（1）$\dfrac{2}{3}$；（2）$\sqrt{2}-\dfrac{2}{3}\sqrt{3}$；（3）$\dfrac{\pi}{4}$；（4）$\ln 2 - \dfrac{3}{8}$；

（5）$\dfrac{\pi}{6}$；（6）$\dfrac{2}{5}(e^{2\pi}-1)$；（7）$2\ln\dfrac{4}{3}$；（8）$2\ln 2 - 1$；（9）$\dfrac{1}{6}$；（10）$1-\dfrac{1}{4e}$；

（11）$\ln\dfrac{4}{3}$；（12）$\dfrac{2}{3}(2\sqrt{2}-1)$；（13）$2$；（14）$\ln 3$；（15）$1+\dfrac{\pi}{4}$；（16）$\dfrac{2}{5}$.

四、证明题（略）.

五、应用题.

1. $\dfrac{2}{3}$.   2.（1）1；（2）$(1-\dfrac{1}{e})\pi$.   3. $V_x=4\pi$，$V_y=\dfrac{16}{5}\pi$.

4. $\dfrac{1}{2}+\ln 4$.   5. $5+\ln\dfrac{1}{6}$.   6. 1.   7. $358\dfrac{1}{8}$.   8. 436.

第 5 章

习题 5.1

1. $A^T + B = \begin{pmatrix} 1 & 2 & -1 & 9 \\ 0 & 5 & -4 & 4 \end{pmatrix}$, $2A - B^T = \begin{pmatrix} 2 & -6 \\ 7 & -5 \\ -11 & 10 \\ 6 & 14 \end{pmatrix}$, $BA = \begin{pmatrix} 5 & 30 \\ 31 & -28 \end{pmatrix}$,

$AB = \begin{pmatrix} -4 & -11 & 15 & 8 \\ 0 & -3 & 9 & 12 \\ 4 & 14 & -24 & -20 \\ 12 & 25 & -21 & 8 \end{pmatrix}$, $A^T B^T = \begin{pmatrix} 5 & 31 \\ 30 & -28 \end{pmatrix}$.

2. （1） $\begin{pmatrix} 1 & -2 \\ 3 & 5 \end{pmatrix}$ （2） $\begin{pmatrix} 0 & 0 \\ 0 & 0 \end{pmatrix}$ （3） (0) （4） $\begin{pmatrix} 5 & 15 & 2 \\ 1 & 11 & 0 \\ -3 & -2 & -14 \end{pmatrix}$

（5） $(-7, -20, 27)$ （6） $\begin{pmatrix} 7 & -6 \\ -5 & 4 \\ 1 & 4 \end{pmatrix}$.

3. （1） $a=0, b=3, c=5, d=-4, e=-2, f=9$

（2） $x=0, y=-1, z=-4, u=2, v=0, w=-9$.

4. （1） $\begin{pmatrix} 1 & 5 & -7 \\ 0 & -1 & 2 \\ 0 & 1 & -1 \end{pmatrix}$ （2） $\begin{pmatrix} 1 & 1 & 3 \\ 2 & 3 & 7 \\ 3 & 4 & 9 \end{pmatrix}$

5. （1） $\begin{pmatrix} 1 & 1 \\ -2 & -2 \end{pmatrix}$ （2） $\begin{pmatrix} -1 & 1 & 1 \\ 5 & -2 & -3 \end{pmatrix}$

习题 5.2

1. $(7, 6, -7)$.

2. $a=1$，$b=1$，$c=1$.

3. 线性相关.

4. （1）线性无关；（2）线性相关，极大无关组为 α_1, α_2 或 α_1, α_3 或 α_2, α_3.

5. 3.

6. （1） $r(A)=3$ （2） $r(A)=4$

习题 5.3

1. （1） $\begin{cases} x_1 = 8C \\ x_2 = 3C \\ x_3 = 0 \\ x_4 = C \end{cases}$ （C 为任意常数）；   （2） $\begin{cases} x_1 = 1+C \\ x_2 = 1+4C \\ x_3 = 9C \end{cases}$ （C 为任意常数）

2. 当 $C=0$ 时，方程组有解 $\begin{cases} x_1 = \dfrac{3}{5} - C \\ x_2 = \dfrac{1}{5} + 3C \\ x_3 = 5C \end{cases}$ （C 为任意常数）

3. $a \neq -1$，方程组有唯一解；$a = -1, b \neq 3$ 方程无解；

$a = -1, b = 3$ 时，方程有无穷多解，其解为 $\begin{cases} x_1 = 2 - C \\ x_2 = -1 + C \\ x_3 = C \end{cases}$ （C 为任意常数）

4. $\lambda = 5$ 时，方程有非零解，$\begin{cases} x_1 = C \\ x_2 = C \\ x_3 = C \end{cases}$ （C 为任意常数）

综合练习 5

1. （1）$d = -1$，无穷多组解；（2）$\lambda = 1$；（3）非零解（或有无穷多组解）；
   （4）$X = k_1 X_1 + k_2 X_2 \cdots K_{n-r} x_{n-r} + X_0$（其中 $k_1, k_2 \cdots k_{n-r}$ 为任意常数）；（5）2.

2. （1）D；（2）D；（3）C；（4）A；（5）C；（6）B；（7）A.

3. （1）线性相关.（2）线性无关.

4. （1）3，向量组本身就是一个极大无关组.（2）2，一个极大无关组是 a_1, a_2.

5. （1）$\eta_1 = \left(-\dfrac{5}{14}, -\dfrac{3}{14}, 1, 0\right)'$，$\eta_2 = \left(-\dfrac{1}{2}, \dfrac{1}{2}, 0, 1\right)'$，

全部解为 $X = C_1 \eta_1 + C_2 \eta_2$（$C_1$，$C_2$ 为任意常数）.

（2）$\eta_1 = \left(-\dfrac{62}{7}, 0, -\dfrac{25}{7}, 1, 0\right)'$，$\eta_2 = \left(\dfrac{13}{7}, 0, \dfrac{4}{7}, 0, 1\right)'$，

全部解为 $X = C_1 \eta_1 + C_2 \eta_2$（$C_1$，$C_2$ 为任意常数）.

（3）$\eta_1 = \begin{pmatrix} x_1 \\ x_2 \\ x_3 \\ x_4 \end{pmatrix} = \begin{pmatrix} -5 \\ -1 \\ 8 \\ 0 \end{pmatrix}$，$\eta_2 = \begin{pmatrix} x_1 \\ x_2 \\ x_3 \\ x_4 \end{pmatrix} = \begin{pmatrix} -1 \\ 0 \\ 0 \\ 1 \end{pmatrix}$.

全部解为 $X = C_1 \eta_1 + C_2 \eta_2$（$C_1$，$C_2$ 为任意常数）.

（4）$\eta_1 = \begin{pmatrix} x_1 \\ x_2 \\ x_3 \\ x_4 \\ x_5 \end{pmatrix} = \begin{pmatrix} -4 \\ 1 \\ -1 \\ 1 \\ 0 \end{pmatrix}$，$\eta_2 = \begin{pmatrix} x_1 \\ x_2 \\ x_3 \\ x_4 \\ x_5 \end{pmatrix} = \begin{pmatrix} -2 \\ -7 \\ -6 \\ 0 \\ 1 \end{pmatrix}$

全部解为 $X = C_1 \eta_1 + C_2 \eta_2$（$C_1$，$C_2$ 为任意常数）.

6.（1）$X = C_1 \begin{pmatrix} \frac{1}{11} \\ \frac{5}{11} \\ 1 \\ 0 \end{pmatrix} + C_2 \begin{pmatrix} \frac{9}{11} \\ -\frac{1}{11} \\ 0 \\ 1 \end{pmatrix} + \begin{pmatrix} -\frac{2}{11} \\ \frac{10}{11} \\ 0 \\ 0 \end{pmatrix}$（$C_1$，$C_2$ 为任意常数）.

（2）$X = C \begin{pmatrix} -2 \\ 1 \\ 1 \end{pmatrix} + \begin{pmatrix} -1 \\ 2 \\ 0 \end{pmatrix}$（$C$ 为任意常数）.

（3）$X = \begin{pmatrix} -2 \\ 1 \\ 0 \\ 0 \end{pmatrix} + C_1 \begin{pmatrix} -1 \\ -9 \\ 7 \\ 0 \end{pmatrix} + C_2 \begin{pmatrix} 1 \\ 1 \\ 0 \\ 2 \end{pmatrix}$.（$C_1$，$C_2$ 为任意常数）.

7. 当 $t \neq 2$ 时，只有零解. 当 $t = 2$ 时，有非零解，且非零解为 $X = C \begin{pmatrix} 0 \\ 0 \\ 1 \\ 1 \end{pmatrix}$（$C$ 为任意常数）.

8. $\lambda_1 = 1$，或 $\lambda_2 = 0$ 时，该齐次线性方程有非零解.

9. 当 $a = 1$ 时，线性方程组有非零解，其一般解为 $\begin{cases} x_1 = -3x_3 \\ x_2 = -2x_3 \end{cases}$（$x_3$ 为自由未知量）.

10. 当 $\lambda = 0$ 时，$R(A) = R(\tilde{A}) = 2 < 3 = n$ 方程有解，其一般解为

$\begin{cases} x_1 = -1 + 5x_3 \\ x_2 = 2 - 6x_3 \end{cases}$（$x_3$ 为自由未知量）.

11.（1）当 $a \neq -1$，这时 $R(A) = R(\tilde{A}) = 3 = n$，方程组有唯一解.

（2）当 $a = -1, b \neq 3$，这时 $R(A) \neq R(\tilde{A})$，方程组无解.

（3）当 $a = -1, b = 3$，这时 $R(A) = R(\tilde{A}) = 2 < 3 = n$，方程组有无穷多解.

附录B 常用公式

一、常用初等代数公式

1. 乘法公式与二项式定理

（1） $(a+b)^2 = a^2 + 2ab + b^2$；$(a-b)^2 = a^2 - 2ab + b^2$；

（2） $(a+b)^3 = a^3 + 3a^2b + 3ab^2 + b^3$；$(a-b)^3 = a^3 - 3a^2b + 3ab^2 - b^3$；

（3） $(a+b)^n = C_n^0 a^n + C_n^1 a^{n-1}b + C_n^2 a^{n-2}b^2 + \cdots + C_n^k a^{n-k}b^k + C_n^{n-1} ab^{n-1} + C_n^n b^n$；

（4） $(a+b+c)(a^2+b^2+c^2-ab-ac-bc) = a^3 + b^3 + c^3 - 3abc$；

（5） $(a+b-c)^2 = a^2 + b^2 + c^2 + 2ab - 2ac - 2bc$。

2. 因式分解

（1） $a^2 - b^2 = (a+b)(a-b)$；

（2） $a^3 + b^3 = (a+b)(a^2 - ab + b^2)$；$a^3 - b^3 = (a-b)(a^2 + ab + b^2)$；

（3） $a^n - b^n = (a-b)(a^{n-1} + a^{n-2}b + \cdots + b^{n-1})$。

3. 分式裂项

（1） $\dfrac{1}{x(x+1)} = \dfrac{1}{x} - \dfrac{1}{x+1}$；　（2） $\dfrac{1}{(x+a)(x+b)} = \dfrac{1}{b-a}\left(\dfrac{1}{x+a} - \dfrac{1}{x+b}\right)$。

4. 指数运算

（1） $a^{-n} = \dfrac{1}{a^n}(a \neq 0)$；　（2） $a^0 = 1(a \neq 1)$；　（3） $a^{\frac{m}{n}} = \sqrt[n]{a^m}\,(a \geqslant 0)$；

（4） $a^m a^n = a^{m+n}$；　（5） $a^m \div a^n = a^{m-n}$；　（6） $(a^m)^n = a^{mn}$；

（7） $\left(\dfrac{b}{a}\right)^n = \dfrac{b^n}{a^n}(a \neq 0)$；　（8） $(ab)^n = a^n b^n$；　（9） $\sqrt{a^2} = |a|$。

5. 对数运算

（1） $a^{\log_a N} = N$；　（2） $\log_a b^\mu = \mu \log_a b$；　（3） $\log_a \sqrt[n]{b} = \dfrac{1}{n}\log_a b$；

(4) $\log_a a = 1$; (5) $\log_a 1 = 0$; (6) $\log_a M \cdot N = \log_a M + \log_a N$;

(7) $\log_a \dfrac{M}{N} = \log_a M - \log_a N$; (8) $\log_a b = \dfrac{1}{\log_b a}$.

特别地：(9) $\lg a = \log_{10} a, \ln a = \log_e a$.

6. 排列组合

(1) $P_n^m = n(n-1)\cdots[n-(m-1)] = \dfrac{n!}{(n-m)!}$ （约定 $0! = 1$）;

(2) $C_n^m = \dfrac{P_n^m}{m!} = \dfrac{n!}{m!(n-m)!}$; (3) $C_n^m = C_n^{n-m}$;

(4) $C_n^m + C_n^{m-1} = C_{n+1}^m$; (5) $C_n^0 + C_n^1 + C_n^2 + \cdots + C_n^n = 2^n$.

二、常用数列公式

数列的和.

（1）等差数列的前 n 项和：

$$S_n = a_1 + a_2 + a_3 + \cdots + a_n = \dfrac{n(a_1 + a_n)}{2};$$

（2）等比数列的前 n 项和：

$$S_n = a + aq + aq^2 + \cdots + aq^{n-1} = \dfrac{a(1-q^n)}{1-q} \ (q \neq 1).$$

三、常用基本三角公式

1. 度与弧度

(1) $1° = \dfrac{\pi}{180}$（弧度）; (2) 1（弧度）$= \dfrac{180°}{\pi}$.

2. 平方关系

(1) $\sin^2 x + \cos^2 x = 1$; (2) $1 + \tan^2 x = \sec^2 x$; (3) $1 + \cot^2 x = \csc^2 x$.

3. 两角和与两角差的三角函数

(1) $\sin(x \pm y) = \sin x \cos y \pm \cos x \sin y$;

(2) $\cos(x \pm y) = \cos x \cos y \mp \sin x \sin y$;

(3) $\tan(x \pm y) = \dfrac{\tan x \pm \tan y}{1 \mp \tan x \tan y}$.

4. 和差化积公式

(1) $\sin x + \sin y = 2\sin\dfrac{x+y}{2}\cos\dfrac{x-y}{2}$；

(2) $\sin x - \sin y = 2\cos\dfrac{x+y}{2}\sin\dfrac{x-y}{2}$；

(3) $\cos x + \cos y = 2\cos\dfrac{x+y}{2}\cos\dfrac{x-y}{2}$；

(4) $\cos x - \cos y = -2\sin\dfrac{x+y}{2}\sin\dfrac{x-y}{2}$.

5. 积化和差公式

(1) $2\sin x \cos y = \sin(x+y) + \sin(x-y)$；

(2) $2\cos x \sin y = \sin(x+y) - \sin(x-y)$；

(3) $2\cos x \cos y = \cos(x+y) + \cos(x-y)$；

(4) $2\sin x \sin y = \cos(x+y) - \cos(x-y)$.

6. 倍角公式

(1) $\sin 2x = 2\sin x \cos x$；

(2) $\cos 2x = \cos^2 x - \sin^2 x = 1 - 2\sin^2 x = 2\cos^2 x - 1$；

(3) $\tan 2x = \dfrac{2\tan x}{1 - \tan^2 x}$.

7. 半角公式

$\sin^2\dfrac{x}{2} = \dfrac{1-\cos x}{2}$； $\cos^2\dfrac{x}{2} = \dfrac{1+\cos x}{2}$； $\tan\dfrac{x}{2} = \dfrac{1-\cos x}{\sin x}$.

四、几何公式

三角形的面积

(1) $S = \dfrac{1}{2}bc\sin A$，$S = \dfrac{1}{2}ca\sin B$，$S = \dfrac{1}{2}ab\sin C$；

(2) $S = \sqrt{p(p-a)(p-b)(p-c)}$，其中 $p = \dfrac{1}{2}(a+b+c)$.

五、平面解析几何

1. 距离与斜率

（1）两点 $P_1(x_1, y_1)$ 与 $P_2(x_2, y_2)$ 之间的距离 $d = \sqrt{(x_2-x_1)^2 + (y_2-y_1)^2}$；

（2）线段 P_1P_2 的斜率 $k = \dfrac{y_2 - y_1}{x_2 - x_1}$.

2. 直线的方程

（1）点斜式 $y - y_1 = k(x - x_1)$；　　（2）斜截式 $y = kx + b$；

（3）两点式 $\dfrac{y - y_1}{y_2 - y_1} = \dfrac{x - x_1}{x_2 - x_1}$；　　（4）截距式 $\dfrac{x}{a} + \dfrac{y}{b} = 1$.

3. 圆

方程 $(x-a)^2 + (y-b)^2 = r^2$，圆心为 (a, b)，半径为 r.

4. 抛物线

（1）方程 $y^2 = 2px$，焦点 $\left(\dfrac{p}{2}, 0\right)$，准线 $x = -\dfrac{p}{2}$；

（2）方程 $x^2 = 2py$，焦点 $\left(0, \dfrac{p}{2}\right)$，准线 $y = -\dfrac{p}{2}$；

（3）方程 $y = ax^2 + bx + c$，顶点 $\left(-\dfrac{b}{2a}, \dfrac{4ac - b^2}{4a}\right)$，对称轴方程 $x = -\dfrac{b}{2a}$.

5. 椭圆

方程 $\dfrac{x^2}{a^2} + \dfrac{y^2}{b^2} = 1 (a > b)$ 焦点在 x 轴上.

6. 双曲线

（1）方程 $\dfrac{x^2}{a^2} - \dfrac{y^2}{b^2} = 1$ 焦点在 x 轴上；

（2）等轴双曲线　方程 $xy = k$.